超大城市建筑群更新实施路径研究

——以北京鼎好大厦为例

北京鼎固鼎好实业有限公司　编著

中国城市出版社

图书在版编目（CIP）数据

超大城市建筑群更新实施路径研究：以北京鼎好大厦为例 / 北京鼎固鼎好实业有限公司编著．—北京：中国建筑工业出版社，2023.6（2024.1重印）

ISBN 978-7-5074-3622-8

Ⅰ．①超… Ⅱ．①北… Ⅲ．①城市规划—建筑设计—研究—北京 Ⅳ．① TU984.21

中国国家版本馆 CIP 数据核字（2023）第 122536 号

责任编辑：田立平 牛 松
责任校对：芦欣甜

超大城市建筑群更新实施路径研究
——以北京鼎好大厦为例
北京鼎固鼎好实业有限公司 编著
*
中国城市出版社出版、发行（北京海淀三里河路 9 号）
各地新华书店、建筑书店经销
北京点击世代文化传媒有限公司制版
建工社（河北）印刷有限公司印刷
*
开本：787 毫米 ×1092 毫米 1/16 印张：15½ 字数：252 千字
2023 年 7 月第一版 2024 年 1 月第二次印刷
定价：**69.00** 元
ISBN 978-7-5074-3622-8
（904641）

本书编委会

主　　编： 朱皓宇

副 主 编： 尹　亮　王剑峰　邵晓非　潘　嵩　韩　迪　于　健
潘晓峰　朱　楠

参编人员： 于　红　张　旋　王荣芳　高健美　袁文芳　杨路宁
曹益娟　潘　芳　谢　浪　高思佳　邹劲松　孙其汇
石星宇　马　超　倪旻睿　袁无疾　乔　鹏　王昊昱
李　超　刘奕巧　杨　烁　王艳彬　陈亚旭　于金涛
赵连武　赵　树　高　振　李　强　吴量加　李　萍
高　梦　丁海香　刘伟伟　常艳娥　张春雷　吴紫微
胡景炜　廖　琦　汪　洋　王子昂　杨　洋　王海达
马海朋　张泽广　王　乔　郑奇伟　张金倩　宋　洋

参编单位：

北京鼎固鼎好实业有限公司
北京兆泰集团股份有限公司
北京华旭颢城企业管理有限公司
北京工业大学
北京旭曜建筑科技有限公司
北京兆泰城市更新科技发展有限公司
颢腾投资
啟城投资
中国建筑第八工程局有限公司华北公司
中泰天成（北京）科技发展有限公司
北京汉唐华固工程技术有限公司
北京汇博盟工程技术有限公司

前 言 | PREFACE

“城市更新”这一概念首次提出于2019年12月的中央经济工作会议中，并首次写入2021年政府工作报告和“十四五”规划文件。目前城市更新没有官方统一的定义，但根据全国各地颁布的相关文件，可以总结为：城市更新是对城市建成区的空间形态和功能进行完善、优化和调整，是一种小规模、渐进式、可持续的有机更新。注重空间上的统筹规划和发展的可持续性，以及经济业态的布局理念，旨在打造宜居、绿色、人文、智慧的综合性城市。随着城市化水平的不断提高，我国逐步进入存量或减量发展阶段，城市更新是未来城市发展新的增长点，存量提质成为大多数城市更新的发展方向。目前，我国各地区的城市更新发展阶段、发展特点、发展能力体现出明显的差异，进入成熟阶段的代表城市为上海、深圳以及广州，而其他城市都处于起步阶段。住房与城乡建设部于2021年11月发布了《关于开展第一批城市更新试点工作的通知》，希望通过以点带面从地方探索走向全国推广。第一批城市更新试点包含了21个城市，主要分为三大城市更新圈：以北京、唐山、沈阳为代表的东北部圈，以南京、长沙、厦门为代表的中东部圈，以呼和浩特、西安、成都为代表的西部圈。值得注意的是，北京作为首都具有特殊的政治地位和更强的政策约束力，需要围绕减量提质的更新策略，而无法通过做大蛋糕来实现各方利益的均衡。上海、深圳以及广州这些在城市更新发展成熟的既有经验无法复制到北京。因此，针对北京市探索出一条有效的城市更新路径很有必要，同时北京作为第一批试点中的超大城市以及东北部城市更新的主要发力区，它的城市更新路径将对全国其他城市的发展具有风向标的意义。

北京市的城市更新发展进程可分为四个阶段：一是重点改善城市的基本

环境卫生和生活条件。它只包括维修现有建筑物和市政公共设施以及部分重建和扩建（1949—1977），代表项目有1951年北京龙须沟改造。二是重点解决住房短缺和偿还基础设施债务。明确城市建设是完善并形成城市中心的基础性工作（1978—1989），在改革开放与社会主义现代化建设的大背景下，国家重新明确了“城市建设是形成和完善城市多种功能、发挥城市中心作用的基础性工作”的城市建设方针，代表性项目有1989年北京菊儿胡同整治。三是城市更新引入市场机制，采用国家土地有偿使用的市场化运作措施，进入市场机制主导的探索阶段。通过房地产业、金融业和城市升级改造的结合，推动“退二进三”（从第二产业中退出来，从事第三产业）政策，此阶段更新涵盖了旧居住区改造、老街区改造、城中村改造以及重大基础设施改造等（1990—2011）。四是城市更新越来越注重城市的内涵发展，更加注重改善人居环境、提升城市活力，进入以人为本、高质量发展的新阶段（2012至今），代表项目有2012年北京胡同泡泡、2016年北京首钢改造等。在这一新阶段下，为了全面提高城市发展水平，满足人们对美好生活的向往及需要，北京市委、市政府制定许多相关文件全面推动城市更新，如《北京市城市更新行动计划（2021—2025年）》。北京作为中国科技创新中心，持续加大科技研发力度，北京未来的发展重点是科技创新，《北京市城市更新行动计划（2021—2025年）》提出，需要对北京优质地区的老旧厂房进行升级改造，为低效产业园区“腾笼换鸟”，一方面可以为一些企业在城市核心地段提供高性价比的办公地点，另一方面又能有效激活老旧存量资产，提高产业效益。我们通过搜集城市更新领域的已有政策指导文件、行业报告、专业书籍、学术研究等资料进行背景调研发现，目前全国各地基本是从城市、区域尺度的宏观规划角度进行研究，缺乏单体建筑更新等微观层面的深入研究，北京的城市更新正处于发力期，有关的典型案例较少。

作为中国创新高地，更是未来世界级创新中心，位于北京科技创新核心区的鼎好大厦成为第一个从一开始即按照科技创新生态打造的城市更新运营服务新空间。该更新项目成为打造中关村核心区的全新地标和顶级科创生态平台，贯彻落实了北京城市发展规划纲领，推动了城市空间结构优化和品质提升。本书以鼎好大厦为研究对象，梳理城市更新中央性与地方性的支持保障政策，研究该项目的设计改造策略，并系统性阐述城市更新的具体流程，目的是制定城市更新实施准则并将其推广到今后全国城市更新的实施研究中。另一方面，从我国城市更新的地方实践来看，局部地区虽然积累了一些案例，形成了高效运行的体系、先进的经验，但目前行业内标准化数据极少，也没有统一的统计口径，缺乏针对城市更新评价的量化研究，因此，本书基于北京市城市更新的已有实践，试图建立一套科学性、全面性的城市更新评价体系，对城市更新行业形成价值引导。

目 录 | CONTENTS

第 1 章　城市更新的政策支持与行业研究现状 …… 1
1.1　城市更新指导政策 …… 2
1.2　城市更新行业研究现状 …… 8
本章参考文献 …… 16

第 2 章　城市更新的实施机制与路径 …… 19
2.1　城市更新的产权、功能等关键要素特征分析 …… 20
2.2　城市更新产权主体与实施主体路径分析 …… 24
2.3　多方参与的城市更新协同机制的建立 …… 27
2.4　各级政府对更新主体的管理机制的完善 …… 31
本章参考文献 …… 35

第 3 章　城市更新项目面临的功能调整 …… 37
3.1　城市更新项目面临的功能业态转型分析 …… 38
3.2　鼎好项目的背景与现状 …… 39
3.3　鼎好项目所在区域的市场研究 …… 44
3.4　鼎好项目业态定位分析 …… 51
3.5　制定更新目标 …… 53
本章参考文献 …… 54

第 4 章　建筑群更新的设计策略 …… 55

4.1 设计理念 …… 56
4.2 设计策略 …… 60
4.3 设计亮点综述 …… 74

第 5 章 建筑群更新的建造工艺 …… 77
5.1 智慧建造 …… 78
5.2 绿色施工技术 …… 84
5.3 高层建筑改造工程屋面塔式起重机安拆施工技术 …… 87
5.4 复杂幕墙体系拆除施工技术 …… 94
5.5 超长悬挑飞檐拆除施工技术 …… 103
5.6 大跨度框架结构中庭拆除施工技术 …… 110
5.7 悬空吊柱加固施工技术 …… 116
5.8 复杂单元体幕墙体系挂装施工技术 …… 123
本章参考文献 …… 128

第 6 章 城市更新融资模式 …… 129
6.1 政府主导的融资模式 …… 130
6.2 政府主导、多方参与的融资模式 …… 132
6.3 市场主导的融资模式 …… 138
6.4 地产基金模式 …… 140
6.5 其他投资融资模式 …… 160
6.6 鼎好的投资融资模式 …… 161
6.7 鼎好项目的成本控制 …… 164
6.8 运营阶段投融资管理方式 …… 170

第 7 章 建筑群更新的运营服务 …… 175
7.1 鼎好创新生态体系 …… 176
7.2 鼎好项目与生态的结合 …… 179
7.3 鼎好的运营服务 …… 180
本章参考文献 …… 195

第 8 章　超大城市建筑群更新评价体系构建 …………………………… 197
8.1　现行我国关于城市更新的规章制度 ………………………… 199
8.2　现有评价体系及其比较 ………………………………………… 214
8.3　基于鼎好大厦城市更新案例的超大城市群
更新评价指标体系构建 ………………………………………… 220

第 9 章　鼎好项目的利弊分析 …………………………………………… 223
9.1　市场模式下实施主体与审批主体的差异分析 ……………… 224
9.2　鼎好城市更新过程中报建阶段遇到的困惑 ………………… 225
9.3　鼎好城市更新过程中设计管理遇到的问题及解决方案 ……… 226
9.4　鼎好城市更新过程中施工管理遇到的问题及解决方案 ……… 229
9.5　鼎好城市更新过程中成本管理遇到的问题及解决方案 ……… 233

附　录 ………………………………………………………………………… 235

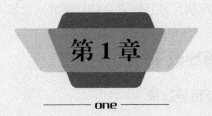

第1章

one

城市更新的政策支持与行业研究现状

随着三十余年城市的快速发展，我国进入以提质为主的发展新阶段，各地积极推进城市更新工作。在城市更新发展进程中，各地更新政策各有地方特色，其中广州、深圳、上海属于城市更新成熟区的典型代表地，其城市更新制度体系相对于北京而言较为完善，为更好地探索北京城市更新路径，本章梳理剖析中央、其他地区以及北京市城市更新政策，根据城市更新行业报告总结城市更新行业现状，并且探索总结目前北京市城市更新存在的不足。

1.1 城市更新指导政策

1.1.1 中央城市更新指导政策

城市更新是城镇化发展的必然阶段，为保障其顺利推进，中央和各个地方都出台了很多相关政策文件。从中央层面来看，2019 年召开的中央经济工作会议首次强调了“城市更新”这一概念，会议提出，要加大城市困难群众住房保障工作，加强城市更新和存量住房改造提升，做好城镇老旧小区改造，大力发展租赁住房。自此以后，中央又陆续出台了许多相关政策（表 1-1），用以进一步推动城市更新发展进程。

近年来中央关于城市更新的政策表述　　表 1-1

时间	会议 / 文件	主要内容
2019.12	中央经济工作会议	加强城市更新和存量住房改造提升，做好城镇老旧小区改造
2020.10.6	《中共中央关于制定国民经济和社会发展第十四个五年规划和二〇三五年远景目标的建议》	实施城市更新行动，推进城市生态修复、功能完善工程，统筹城市规划、建设、管理，合理确定城市规模、人口密度、空间结构，促进大中小城市和小城镇协调发展
2021.4.13	《2021 年新型城镇化和城乡融合发展重点任务》	在老城区推进以老旧小区、老旧厂房、老旧街区、城中村等“三区一村”改造为主要内容的城市更新行动
2021.8.30	《住房和城乡建设部关于在实施城市更新行动中防止大拆大建问题的通知》	严格控制大规模拆除、严格控制大规模增建、严格控制大规模搬迁、确保住房租赁市场供需平稳；保留利用既有建筑、保持老城格局尺度、延续城市特色风貌；加强统筹谋划、探索可持续更新模式、加快补足功能短板、提高城市安全韧性
2021.11.4	《住房和城乡建设部办公厅关于开展第一批城市更新试点工作的通知》	决定在北京等 21 个城市（区）开展第一批城市更新试点工作

1.1.2　其他地区城市更新指导政策

从地方来看，各地区城市更新政策层出不穷且均富有地方特色，现分别对广州、深圳、上海三个典型城市的城市更新政策演变进行梳理，并对其特点进行分析。

1. 广州

随着城市化进程的快速推进，广州的土地资源相对紧缺，对城市空间容量的需求与土地资源紧缺的现状的矛盾愈发突出。因此，积极盘活现存土地资源，提高低效土地使用效率就显得尤为重要。在此背景下，广州较早进行城市更新的探索推进。2009 年，国土资源部与广东省协作，颁布了《促进节约集约用地的若干意见》,标志着广州“三旧”改造工作的正式开始。2015 年，广州颁布《广州市城市更新办法》及其相关配套文件,建立了全流程政策框架，正式将“三旧”改造升级为综合性的城市更新。随后，广州又颁布了许多相关政策（表 1-2），以促进城市更新的进一步推进。

近年来广州关于城市更新的政策表述　　　**表 1-2**

发布地区	时间	文件	主要内容
广州	2009.8.25	《关于推进“三旧”改造促进节约集约用地的若干意见》	充分认识推进“三旧”改造工作的重要性和紧迫性；明确“三旧”改造的总体要求和基本准则；围绕经济社会发展战略部署，合理确定“三旧”改造范围；科学规划，统筹推进“三旧”改造；因地制宜，采用多种方式推进“三旧”改造等
	2015.12.1	《广州市城市更新办法》	城市更新应当有利于产业集聚，促进产业结构调整和转型升级；城市更新应当引导产业高端化、低碳化、集群化、国际化发展，支持现代服务业，推动制造业高端化发展，培育壮大战略性新兴产业，优化总部经济发展；优先保障城市基础设施、公共服务设施或者其他城市公共利益项目。鼓励增加公共用地，节约集约利用土地。鼓励节能减排，促进低碳绿色更新
	2019.4.19	《广州市深入推进城市更新工作实施细则》	城市更新改造应结合城市发展战略规划，多采用微改造方式，突出地方特色，注重文化传承、根脉延续，注重人居环境改善，精细化推进城市更新
	2020.9.9	《广州市人民政府关于深化城市更新工作推进高质量发展的实施意见》	再次强调“城市更新是实现城市高质量发展的新路径，是营造共建共治共享社会治理格局的新举措，是推动国土空间规划落地实施的新手段”

从广州市城市更新有关政策的演变可以看出，其城市更新逐步从早期的以市场为主导转向为以政府为主导，推行政策收紧管理，强化政府的管控作用，逐步强调管理细节和实施成效。

2. 深圳

2009 年 10 月 22 日，深圳先于其他城市颁布了国内第一部系统规划城市改造工作的规章——《城市更新办法》，为后续的城市更新实施工作奠定了坚实的理论基础，这同时也是深圳城市更新制度建设迈向新阶段的关键节点。深圳城市更新政策始终坚持以《城市更新办法》为核心，配合《关于加强和改进城市更新实施工作的暂行措施》等更为细致的相关配套文件（表 1-3）来指导并规范城市更新工作的开展。

近年来深圳关于城市更新的政策表述 **表 1-3**

发布地区	时间	文件	主要内容
深圳	2009.12.1	《深圳市城市更新办法》	功能改变类更新项目应当符合产业布局规划，优先满足增加公共空间和产业转型升级的需要；城市更新单元范围内的边角地、夹心地、插花地等零星未出让国有土地应当优先用于基础设施和公共服务设施的建设
	2016.12.29	《关于加强和改进城市更新实施工作的暂行措施》	提出推进“城市修补、生态修复”，明确了针对历史建筑、历史风貌区、特色风貌区原则上不进行拆除重建城市更新，鼓励结合城市更新项目对上述片区实施活化、保育
	2019.6.6	《关于深入推进城市更新工作促进城市高质量发展的若干措施》	鼓励在城市更新项目中增加公共绿地、开放空间，全面推广绿色建筑；加强城市更新全流程智慧化管理；在确保实施可行、符合相关规范的前提下利用现有建筑空间改造为架空停车场或架空花园、屋顶花园等公共空间
	2016.12.29	《关于加强和改进城市更新实施工作的暂行措施》	旧工业区、旧商业区申请拆除重建的，建筑物建成时间原则上应不少于 15 年
	2020.12.30	《深圳经济特区城市更新条例》	实施综合整治类城市更新不得影响原有建筑物主体结构安全和消防安全；旧住宅区和旧商业区因配套设施不完善或者建筑和设施建设标准较低的，可以采取整饰建筑外观、加建电梯、设置连廊、增设停车位等措施实施综合整治类城市更新

与其他城市相比，深圳市的城市更新核心政策相对稳定，自 2009 年之前的“政府推动”逐步变为如今的“市场选择”，从曾经的以政府为主导逐

步转变为现在的以市场为主导，同时又强调多方协作。“政府引导、市场运作”是当下深圳市城市更新的基本更新模式，由此也确定了政府为市场充当“守护人”的主要实施方式，通过市场选择开展城市更新，从而进一步推进城市空间改善和产业升级。

3. 上海

长久以来，相比于广州、深圳等城市大力实行土地制度变革，城市更新工作可借此“东风”迅速展开，上海的城市更新工作更多是得益于多年实践的日积月累。自 2015 年 5 月 15 日发布《上海市城市更新实施办法》后，上海逐步颁布了许多规范化的政策办法（表 1-4），并将其与“试点试行”的方法相结合，推进城市更新的制度体系建构与实践发展。

近年来上海关于城市更新的政策表述 **表 1-4**

发布地区	时间	文件	主要内容
上海	2014.3	《关于进一步提高本市土地节约集约利用水平的若干意见》	开展中心城城市更新。探索存量商业、服务业等功能性项目升级改造路径，提升中心城服务功能
	2015.5.15	《上海市城市更新实施办法》	按照规定进行绿色建筑建设和既有建筑绿色改造，发挥绿色建筑集约发展效应，打造绿色生态城区；对地上地下空间进行综合统筹和一体化提升改造，提高城市空间资源利用效率；通过对既有建筑、公共空间进行微更新，持续改善建筑功能和提升生活环境品质；加强公共停车场（库）建设，推进轨道交通场站与周边地区一体化更新建设
	2016.2	《关于进一步优化本市土地和住房供应结构的实施意见》	新增商办用地提高开发商自持比例，鼓励存量商办物业有机更新，办公物业自持比例不低于 40%，商业物业不低于 80%
	2017.3.31	《关于加强本市经营性用地出让管理的若干规定》	办公用地可由商业、投资等管理部门结合区域发展、区位环境、市场需求等情况，提出引入企业的行业类型等相关要求；商业用地可由商业、投资等管理部门结合区域功能、社会需求、土地用途等情况，提出休闲娱乐、大众零售、酒店旅馆等商业功能业态
	2017.11.17	《上海市城市更新规划土地实施细则》	公共活动中心区：建设充满活力的各级公共活动中心区，完善商业、文化、商务、休闲等功能，凸显地方特色，提升公共空间品质；轨道交通站点周边地区：以公共交通为导向，提高土地使用效率，提升功能复合度，优化功能业态配置，强化交通服务；在建设方案可行的前提下，规划保留用地内的商业商办建筑可适度增加面积

相较于广州、深圳，上海的城市更新政策更具历史渊源。上海早在20世纪末就已经针对旧工业、旧区等亟待解决用地低效问题的地区开展了大量更新改造工作，而进入21世纪后，上海逐渐从以拆迁重建为主的单一更新方法转变为强调多方参与、重视历史保护、多尺度、多类型的城市更新运作办法。此时，城市更新的核心政策更加突出政府引导下的“减量增效，试点试行”，着重强调政府和市场力量的“双向并举”。

1.1.3 北京市城市更新指导政策

与城市更新发展较为成熟的典型代表城市如广州、深圳和上海等不同的是，北京正处于城市更新的发力阶段，且基于北京作为首都的特殊政治地位，其出台的系列政策对其他城市具有风向标意义。现对北京自2017年以来陆续颁布的相关政策进行梳理（表1-5），并通过与同属于超大城市的广州、深圳和上海进行对比，以得到北京城市更新政策的特点。

近年来北京关于城市更新的政策表述　　表1-5

时间	文件	主要内容
2017.9.29	《北京城市总体规划（2016年—2035年）》	中关村西区和东区：中关村西区是科技金融、智能硬件、知识产权服务业等高精尖产业重要集聚区，应建设成为科技金融机构集聚中心，形成科技金融创新体系；中关村东区应统筹利用中国科学院空间和创新资源，建成高端创新要素集聚区和知识创新引领区
2017.9.30	《建设项目规划使用性质正面和负面清单》	首都功能核心区；北京中心城区；北京城市副中心；中轴线及其延长线、长安街及其延长线；顺义、大兴、亦庄、昌平、房山等新城；门头沟、平谷、怀柔、密云、延庆、昌平和房山的山区等生态涵养区
2020.3.25	《北京经济技术开发区关于促进城市更新产业升级的若干措施（试行）》	鼓励通过提容增效对厂房进行升级改造；鼓励利用地下空间建设配套设施用房；支持通过提容增效对园区进行升级改造等措施，以满足产业升级需求，实现产城融合
2020.7.1	《关于开展危旧楼房改建试点工作的意见》	明确危旧楼房改造范围，提出以排除居住危险和安全隐患、推进城市有机更新为根本出发点和落脚点，适当改善居民居住条件，不减少原居民房屋居住面积。改建协议内容需经不低于90%的居民同意
2021.4.21	《关于开展老旧楼宇更新改造工作的意见》	确定实施主体；编制实施方案；审批手续办理；规划土地政策

续表

时间	文件	主要内容
2021.5.15	《北京市人民政府关于实施城市更新行动的指导意见》	老旧小区改造；危旧楼房改建；老旧厂房改造；老旧楼宇更新；首都功能核心区平房（院落）更新；其他类型
2021.8.21	《北京市城市更新行动计划（2021年—2025年）》	首都功能核心区平房（院落）申请式退租和保护性修缮、恢复性修建；老旧小区改造；危旧楼房改建和简易楼腾退改造；老旧楼宇与传统商圈改造升级；低效产业园区“腾笼换鸟”和老旧厂房更新改造；城镇棚户区改造

与同属于超大城市的广州、深圳和上海进行对比（表1-6），可知北京城市更新相较于其他城市具有规模小、渐进式、可持续的特点，采用政府推动、市场运作、公众参与的更为多元化更新模式，更新范围和更新方式也划分的更为精细。这是由于北京的城市更新往往伴随着首都配套功能的疏解、产业向郊区转移、建筑死角的改造、购房需求外溢和新城的扩展，相比南方的城市，政府主导的力量显得尤为重要，并且北京作为千年古都，其城市更新更加重视传统建筑修缮和城市风貌保护，强调整体保护、有机更新，拆除重建比例较小。

不同城市城市更新内涵对比 **表1-6**

城市	城市更新定义	更新范围	更新模式	更新方式
广州	盘活利用低效存量建设用地；整治、改善、重建、活化、提升危破旧房的活动	“三旧”改造、棚户区改造、危破旧房改造	政府主导、市场运作	全面改造、微改造
深圳	按照规定程序进行综合整治、功能改变或者拆除重建的活动	城市建成区内的旧工业区、旧商业区、旧住宅区、城中村及旧屋村等	政府引导、市场运作	综合整治、功能改变、拆除重建
上海	建成区城市空间形态和功能进行可持续改善的建设活动	建成区中按照市政府规定程序认定的城市更新地区，如旧区、旧工业区、城中村等	政府和市场力量的“双向并举”	重建或再开发、功能改变、综合整治
北京	对城市建成区（规划基本实现地区）城市空间形态和城市功能的持续完善和优化调整，是小规模、渐进式、可持续的更新	首都功能核心区平房（院落）申请式退租和保护性修缮、恢复性修建；老旧小区改造；危旧楼房改建和简易楼腾退改造；老旧楼宇与传统商圈改造升级；低效产业园区“腾笼换鸟”和老旧厂房更新改造；城镇棚户区改造	政府推动，市场运作，公众参与的多元化更新模式	老旧小区改造、危旧楼房改建、老旧厂房改造、老旧楼宇更新、首都功能核心区平房（院落）更新、其他类型

1.2 城市更新行业研究现状

1.2.1 城市更新的现状

（1）城市的核心区域常住人口减少，已经成为一种普遍的趋势。北京、上海、广州中心城区人口比例在2010—2020年分别降低9.5个百分点、3.4个百分点、5.4个百分点。常住人口情况见表1-7，中心和老城区是每座城市的地标性区域，现在却出现留不住人的情况。随着我国城市化的不断发展，其发展到一定阶段，城市更新是不可避免的。

北京、广州、上海中心城区人口情况 表1-7

地区	2021年常住人口比重	2010年常住人口比重	下降比例
北京	50.2%	59.7%	9.5%
广州	33.93%	39.73%	5.8%
上海	26.9%	30.3%	3.4%

（2）作为政治中心、文化中心和国际交往中心的北京，在2014年2月明确北京的科技创新的城市定位和2015年出台《中国制造2025》后，北京政府大力扶持高科技企业，坚持将创新放在核心位置。2015年以来，高科技企业的租赁交易呈现显著的增长态势，北京高科技公司的租赁业务在2021年时占比达到了51%，11年内高科技企业租赁占比增长30%左右，北京高科技企业租赁成交占比（2010—2021年上半年）如图1-1所示。

科技创新及高科技领域将继续成为北京的发展重心，但同这种发展相矛盾的是高科技企业扎堆的中关村、上地、望京酒仙桥区域的写字楼的供应短缺。经调研，中关村核心地段的写字楼长期处于满租的状态，空置率常年维持在低位，并且租金保持稳定增长的态势。城市建筑更新，一方面会为部分企业在城市较为核心的区位提供性价比较高的办公场所，另一方面也可以有效激活老旧存量资产，提升产业效益，对北京中关村鼎好大厦建筑进行更新改造尤为重要。

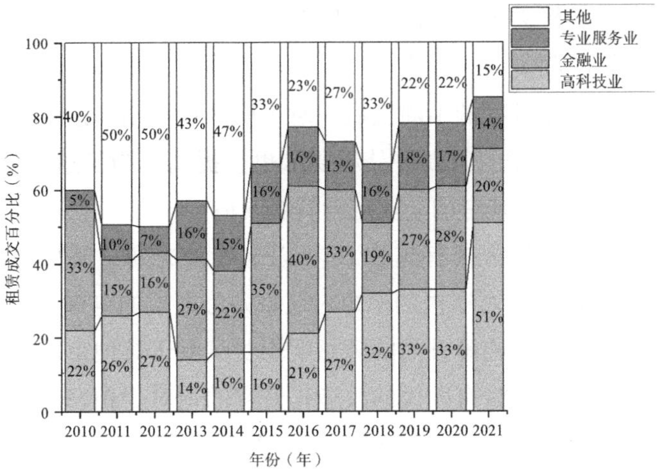

图 1-1　北京高科技企业租赁成交占比（2010—2021 年上半年）

（来源：戴德梁行研究部）

（3）国家方针和地方政策对城市更新发展方向产生了直接的影响，北京和上海等一线城市已经在总体规划中提出了“用地规模不增加”的更新原则。北京在《北京城市总体规划（2016 年—2035 年）》中提到“严格控制建设总规模，到 2020 年中心城区建设用地由目前的约 910 平方公里减到 860 平方公里左右，到 2035 年减少到 818 平方公里左右，中心城区规划总建筑规模动态‘零增长’”；上海在《上海市城市总体规划（2017—2035 年）》中提到要“加大存量建设用地挖潜力度，推进土地利用功能适度混合利用，实现规划建设用地总规模负增长”。这些政策的颁布是当前一线城市的发展从增量模式转向存量模式的直接信号，表明城市未来发展的主要方向是盘活存量、提高土地利用效率，城市更新对城市产业如何进一步发展、城市形象与活力如何进一步提升具有重要的意义，城市更新是我国城市适应城市发展形势、推动城市高质量发展的必然要求。

（4）从需求侧和供给侧两方面来看，北京主城区近年写字楼新增需求量呈上升趋势，虽然过去三年内，新增的写字楼供应量在核心区域或新兴区域均有所回升，但是当新项目入市后迅速被吸纳，其写字楼空置率仍然保持在 8% 以下，供求矛盾仍然十分严重，难以平衡。

未来四个“中心”定位将不断地提升城市功能，吸引租客，为市场带来了更多的新增写字楼需求，然而主城区办公需求持续高涨以及政府对主城区写字楼供应规模的限制两大因素叠加，客观上将加速主城区写字楼用户需求的外溢。随着城市化进程的不断发展，对主城区租户结构进行升级改造，对与之匹配的既有办公楼的软硬件品质要求也会提高。为了适应市场的需求，越来越多的业主选择对现有的物业进行升级改造。

目前，北京市主城区拥有超过 10 年以上楼龄的高品质写字楼的存量达到 50% 以上，而高品质写字楼的租户对北京办公大楼的电梯及卫生设施、物业及安保管理、配套设施等方面的满意度均明显低于其他市场，说明北京市主城区的存量写字楼宇将有巨大的改造提升空间，对于租户结构和楼宇品质的升级是城市更新领域的未来研究及实践趋势（图 1-2）。

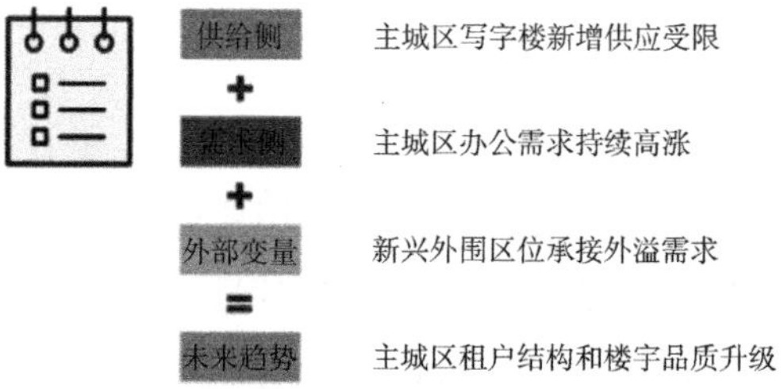

图 1-2　需求侧和供给侧角度下的未来趋势

1.2.2　北京市城市更新现状

北京虽在各个地区以不同形式和方式开展了很多有关城市更新的相关工作，但是相对于其他城市而言，“城市更新”的制度体系构建较晚，政策体系不够完善，正在形成系统的、各具特色的城市更新制度和与之配套的体系。对于广州、深圳、上海的城市更新制度体系而言，其核心机构均设有城市更新局 / 城市更新工作领导办公室，虽在工作推进中存在各种各样的问题，但从以往的简单机构到如今的具体实施部门，依然是理念的提升和制度的创新。而对于北京市而言，由城市更新工作专班引领，可以看出，北京市城市更新的制度体系及管理制度正在完善。在北京起步较晚且大力推动实施城市更新的背景下，如何根据城市更新案例经验推动城市更新的进程，面临着诸多挑战。

1. 北京城市更新仍处于发力区

通过对比深圳、上海、广州及北京四个超大城市城市更新工作推进过程中所出台的指导政策（表1-8），可以看出深圳市早在2009年就已经率先出台了较为完备的城市更新办法，上海市和广州市也于2015年相继颁布了城市更新实施办法用以指导并规范城市更新工作的展开，而相较于其他超大城市，北京市的城市更新有关政策出台时间较晚，数量较少，并且没有用于助力城市更新工作推进的具体实施办法出台。

不同城市城市更新相关政策　　表1-8

地点	时间	政策
深圳	2009.12.1	《深圳市城市更新办法》
上海	2015.5.15	《上海市城市更新实施办法》
广州	2015.12.1	《广州市城市更新办法》
北京	2021.5.15	《北京市人民政府关于实施城市更新行动的指导意见》
	2021.8.21	《北京市城市更新行动计划（2021年—2025年）》

2021年5月，发布《北京市人民政府关于实施城市更新行动的指导意见》及四个配套实施细则，聚焦六类更新方式，并明确了配套的规划政策、土地政策和资金政策。同年8月发布《北京市城市更新行动计划（2021年—2025年）》，明确了总体目标及实施路径。由此可见，相较于广州、深圳、上海等进入成熟阶段的代表城市，其政策体系尚未完善，可供参考的成功案例较少，但在2021年11月，《住房和城乡建设部办公厅关于开展第一批城市更新试点工作的通知》中将北京作为第一批城市更新试点城市，并在今后的2年中将重点探索城市更新统筹谋划机制、城市更新可持续模式和城市更新配套制度政策等，由此可见北京未来工作的重点将放到城市更新工作的进一步推进中来，在不久的将来势必会收获喜人的成果，故北京城市更新正处于发力阶段。

2. 北京无法通过做大蛋糕实现各方利益均衡

北京的城市更新工作必须坚持“四个中心”（政治中心、文化中心、国际中心和科技创新中心）的战略定位，履行为中央党政军领导机关工作服务，为国家国际交往服务，为科技和教育发展服务，为改善人民群众生活服务的基本职责。落实城市战略定位，必须着力提升首都功能，有效疏解非首都功能，做到服务保障能力同城市战略定位相适应，人口资源环境同城市战略定位相协调，城市布局同城市战略定位相一致。

为落实城市战略定位、疏解非首都功能、促进京津冀协同发展，充分考虑延续古都历史格局、治理“大城市病”的现实需要和面向未来的可持续发展，着眼打造以首都为核心的世界级城市群，完善城市体系，在北京市域范围内形成“一核一主一副、两轴多点一区”的城市空间结构，着力改变单中心集聚的发展模式，构建北京新的城市发展格局。其中，“一核”是指首都核心区，主要包括东城区和西城区，是全国政治中心、文化中心和国际交往中心的核心承载区，是历史文化名城保护的重点地区，是展示国家首都形象的重要窗口地区；“一主”是指中心城区，主要包括海淀、石景山、丰台以及朝阳四区，是全国政治中心、文化中心、国际交往中心、科技创新中心的集中承载地区，是建设国际一流的和谐宜居之都的关键地区，是疏解非首都功能的主要地区；“一副”是指城市副中心，主要指通州区，其作为北京新两翼中的一翼，应着力打造国际一流的和谐宜居之都示范区、新型城镇化示范区和京津冀区域协同发展示范区；“两轴”是指中轴线和长安街以及其延长线，前者是体现大国首都文化自信的代表地区，而后者则以国家行政、军事管理、文化、国际交往功能为主；“多点”包括顺义、大兴、亦庄、昌平、房山等新城；“一区”则为由门头沟、平谷、怀柔、密云、延庆等区组成的生态涵养区。结合北京“四个中心”的战略定位，上述行政区的功能定位均作了细分，见表1-9。

北京市部分区域功能定位 表1-9

功能区		重点功能定位			
		政治	文化	国际交往	科技创新
首都功能核心区（东城区、西城区）		√	√	√	
中心城区	西北部地区（海淀区、石景山区）		√		√
	东北部地区（朝阳区东部、北部地区）		√	√	
	南部地区（丰台区、朝阳区南部地区）		√		√
	副中心（通州区）	√	√		

北京的城市更新首先应立足首都城市战略，处理好“都”与“城”的关系，重点针对落实“四个中心”要求加强创新探索。除此之外，各行政区的功能定位因其所处位置不同而相去甚远，这对北京城市更新方向产生了限制和约束，对其既是机遇也是挑战，因此，北京城市更新工作的推进还需结合其所处行政区的具体功能定位，以达到进一步落实“四个中心”战略定位的目的。

在2017年9月，中共中央、国务院关于对《北京城市总体规划（2016年—2035年）》的批复中，两度提到“减量集约”，明确要以资源环境承载能力为硬约束，切实减重、减负、减量发展，实施人口规模、建设规模双控，倒逼发展方式转变、产业结构转型升级、城市功能优化调整。2022年6月27日，中国共产党北京市第十三次代表大会中北京市委书记蔡奇作党代会报告时更是指出，北京成为全国第一个减量发展的超大城市。作为全国首个减量发展的超大城市，传统的城市更新模式已经非常难以适应现在的发展趋势，北京必须打破传统增量发展思维惯性，探索新的城市更新路径。但是北京如今存量用地与建筑空间资源使用效率不高，资源盘活与转型利用困难，与重大项目、轨道交通建设结合不紧密，政策创新难度大，尤其是中心城区，其作为城市更新的主战场，可减的规模十分有限，这使得北京城市更新在减量背景下探索合适的更新路径和更新模式将面临巨大的挑战。

北京在面临推进京津冀协同发展、着力疏解非首都功能、优化提升首都核心功能等外部要求和内部需求的双重背景下，自2017年开始开展了以“疏解整治促提升”为主的城市更新工作，在疏解非首都功能的背景下，北京作为首都，拥有独特政治地位的同时也是一座有着上千年历史的文化古城，早在2008年就已经开始对四环内大型综合商业体进行限制性开发，因此，对传统综合商业体进行业态功能调整、全面升级改造势在必行。

北京的城市更新与广义上的城市更新有所不同，北京的城市更新是减量发展与疏整促结合原则下的产物，不是手术而是养生，不是涂脂抹粉而是修身养性，相较于一般城市而言，北京城市更新对提质减量的诉求更加迫切。北京的城市更新就是要进一步完善城市空间结构和功能布局，加强城市新陈代谢，提供有效的空间载体，扩大文化有效供给，建设国际消费中心城市，与疏解整治促提升行动紧密结合，深入推动京津冀协同发展。结合北京作为首都的特殊政治地位以及“四个中心”战略定位要求，其具有更强的政策约束力，同时其城市更新的发展也受到多方面的制约，因此，无法通过做大蛋糕来实现各方利益的均衡。

鼎好大厦作为北京市迎合产业疏解相关政策而进行城市更新的典型案例，助力城市更新，调整产业结构、优化商业业态、推动产业转型升级，打造安全、智能、绿色低碳的人居环境，切实提升城市公共空间品质与友善性，达成建筑内外部空间与周边公共空间的完美融合，其运作模式、改造方向和技术措施都可以为全国层面的城市更新提供借鉴。

1.2.3 目前城市更新存在的不足

本文通过调查有关城市更新改造的行业报告，从宏观角度指导城市更新的行业报告见表 1-10，从微观层面指导城市更新的行业报告见表 1-11。

行业报告（宏观） **表 1-10**

编号	地点	报告名称	主要内容
1	北京	北京冬奥会大事件推动下的城市更新	有关改造内容通过 UCP 恒通国际创新园和西单商场升级改造案例及相关政策等展现低效产业园区与老旧厂房升级和特色街区与传统商圈调整升级的必要性
2	—	迈向卓越的办公空间	介绍了城市更新 1.0、2.0、3.0、4.0 及租户选择更新 / 改造后办公空间的驱动力，通过简要概述如何完成、影响和成果等描写上海高觅办公室的改造案例
3	上海	山重水复疑无路，源头活水再一城	本报告介绍上海城市更新的历程、模式、迫切性着力点等，并通过宏观角度（开发策略 / 特点）描写旧居民区、工业区及旧商业区更新再造案例
4	—	城市更新大潮下中国存量改造市场纵览	通过物业属性、资产持有方式以及持有人类型这三个维度去分析中国存量改造市场的具体划分与发展趋势，从宏观角度提出一些改造方向
5	北京	京津冀城市群的变局和机遇系列报告下篇：探路北京城市更新	综合考量政府的规划和政策、地产市场发展的经济规律以及金融和科技的进化，描写了写字楼的趋势、仓储物流的趋势、住宅趋势以及投资趋势，探讨在政府监管调控和市场配置资源的双重作用下，北京城市更新的发展方向

续表

编号	地点	报告名称	主要内容
6	—	城市更新的目标及实施路径	首先确立城市更新的目标，然后描述四个城市更新实施路径，分别为：科技创新引领城市更新、产业迭代赋能城市更新、创意设计助力城市更新以及资产管理成就城市更新（主要是对城市更新在这四个层面在宏观角度提出需求及其规划）
7	—	城市更新助力国内大循环	从宏观角度指导我国工业区（老旧厂房）、老旧小区、城市公共空间（滨水、街道、广场等）、老商业街、历史街区城市更新问题及解决方案，对我国城市更新问题提出政策、财政及规划等建议与对策
8	广州	“1+1+N”——广州新一轮城市更新体系新看点	探讨广州城市更新的三大方面以及梳理“1+1+N”新一轮城市更新政策体系的趋势脉络。宏观指导旧村改造、旧厂改造和旧城镇改造，提出改造意见

行业报告（微观） **表 1-11**

编号	地点	报告名称	主要内容
1	—	城市有机更新・制度创新・金融支持	介绍有机更新是城市更新的发展方向，以多个国外城市更新成功案例为例吸取总结重要经验、支持城市更新制度的国际经验借鉴及城市更新的金融支持
2	上海	2019 上海城市更新白皮书	主要写上海城市更新的重点和政策，为大片区更新、小片区更新、单体建筑改造更新提供研究路径与实施策略，并叙述开展城市更新项目前需要考虑的三大要素：项目定位、成本与经济效益、项目设计和项目审批流程。探讨投资者及开发商、租户在城市更新项目中可能遇到的挑战及相应解决方案
3	南京	场所塑造・城市更新在南京	探讨南京城市发展战略及思路，城市更新特点及对城市公共空间的规划、设计和管理场所塑造，从微观角度（规划设计及亮点）分析 18 个案例
4	—	2020 城市更新白皮书聚焦社区更新唤醒城市活力	从城市片区更新的视角，聚焦老旧社区更新的六大矛盾，并以案例借鉴形式逐一解析针对各矛盾点应采取的解决策略，旨在为城市决策提供系统化的分析和指导依据
5	北上广深	高密度核心区城市更新	提出国内高密度核心区的商务复合型、商业主导型和交通引导型的定位策略、规划设计策略及运营策略

根据行业报告的调研来看，其中部分行业报告并未对特定的地区进行探讨，统计对特定地区进行探讨的行业报告的城市类型占比情况如图 1-3 所示。

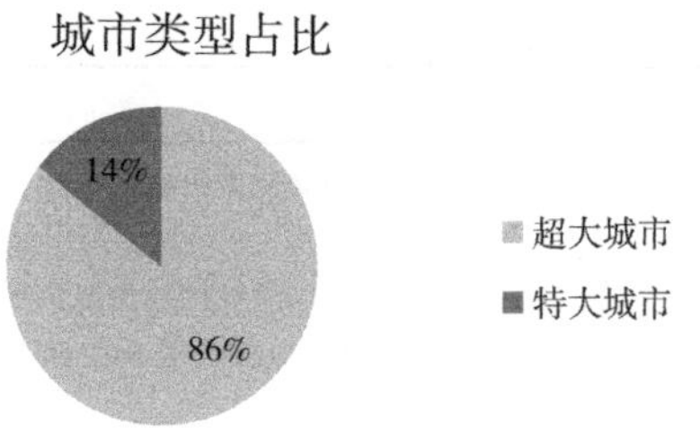

图 1-3　行业报告的城市类型占比情况

从行业报告调研情况来看，（1）大部分行业报告的研究地点是北京、上海、广州、深圳等超大城市，中国的一线城市，其城市化率已超过 85%。城市核心区是区域经济发展的核心，其核心性不仅仅体现在经济密度、人口密度上，其物质空间形态往往也最为聚集，存量时代的到来、高密度核心区能级的再次提升、空间环境品质的改善对城市整体竞争力、人民的美好生活的获取十分重要。其中以北京、上海、深圳、广州为代表，在更新政策和典型实践方面均有重要推进。（2）多数行业报告是从政策、规划等宏观角度来指导城市更新，而从微观角度，尤其是详细设计情况指导城市更新较少，表 1-11 微观角度的行业报告虽涉及项目技术层面的更新，但并未详细说明。（3）更新内容上，城市更新是一个系统工程，大部分城市更新有关设计行业报告从整体空间更新，创意设计、照明设计进行更新，缺乏对城市功能的完善和战略性发展引导。更新方式上，对于面向一栋建筑或多栋建筑为对象的建筑群更新，通过行业报告调研，并未发现对其建筑群周围环境及设施的更新，其区域内的居住环境、公共设施未得到改善，甚至可能增加城市整体更新的难度。因此，需要树立综合更新的策略，以特定规模的空间单元为更新规划对象，并采取综合全面的改造手段，使整个区域实现整体环境的改善及持续更新的目标。

本章参考文献

[1]　杨东 . 城市更新制度建设的三地比较：广州、深圳、上海 [D]. 北京：清华大学，2018.

[2]　李政清 . 北京城市更新的实践与思考 [J]. 城市开发，2022（01）：38-40.

[3] 唐燕，杨东．城市更新制度建设：广州、深圳、上海三地比较 [J]. 收藏，2018，4：22-32.

[4] 张帆．减量语境下的北京城市更新策略浅议 [J]. 北京规划建设，2020（01）：91-94.

[5] 钟奕纯，李婉，龙茂乾，扈茗．从“疏整促”走向有机更新——北京城市更新体系初探．活力城乡 美好人居——2019 中国城市规划年会论文集（02 城市更新）[C]，2019.

第2章

two

城市更新的实施机制与路径

城市更新实施机制是城市更新顺利实施的重要保障，而北京作为城市更新的试点城市，在探索城市更新工作体制机制、政策措施、实施路径等方面更需要重点加强，以实现投资供给结构优化，带动产业和消费升级，推动城市发展由依靠增量开发向存量更新转变。本章对城市更新产权及功能特征进行了分析，并从产权视角分析了城市更新现有的三种更新模式及其实施路径。除此之外，本章对多方参与的城市更新协同机制的建立过程进行了简要阐述，同时分别介绍了广州、深圳、上海、北京城市更新过程中各级政府对更新主体管理机制的完善过程。

2.1 城市更新的产权、功能等关键要素特征分析

2.1.1 城市更新的产权特征分析

产权是指在一系列可选择的排他性行为中做出选择的权利，是决定城市更新策略的重要因素。通过调节成本，产权限定了行为的边界或是激励人们做出某些选择。进行城市更新工作展开时，首先要面对的是如何改造现有的城市面貌、如何处理已经存在的建筑群，以及现存建筑物、景观环境和其他相关基础设施等建成环境实体的产权归属问题，即产权问题。对于城市更新而言，所探讨的产权问题通常是指财产所有权，即所有权人依法对自己的财产享有占有、使用、收益和处分的权利，包括占有权、使用权、收益权和处分权四项权能。在客观现实中，产权归属和产权期限错综复杂，城市更新往往涉及土地产权流转问题，然而土地改革造成了大量历史遗留问题，致使产权流转的交易成本十分巨大，严重阻碍了土地再利用，在城市更新过程中无论改造处置任何一片土地、一个建筑群、一栋建筑、一棵树木，产权问题极大地制约城市更新过程中综合整治、功能改变、拆除重建行为开展的可能。

产权权属是影响更新项目实施改造的主要因素。城市更新的实施涉及众多的利益相关者，诸如政府、原产权人以及开发商等，而这些利益相关者之间的利益诉求又存在巨大差异，使得各类利益相关者冲突事件频发，成为影响我国社会稳定的重要因素。利益相关者之间的冲突如果得不到有效的控制，将会给城市更新的顺利实施带来严重的负面影响，诸如加大了政府维稳压力、增加了开发商建设成本、降低了原产权人参与更新改造的意愿等。

城市更新的产权复杂性存在于多个方面，一方面存在土地产权模糊的情况，有些实际占有和使用的土地中存在历史上未经批准的违法土地，且建筑数量庞大，其权属混乱，严重阻碍了资源再利用和土地再开发，阻碍了城市更新前进的步伐。很多城市旧区通常产权关系混乱，很多房屋涉及多个产权人，这些碎片化、多元化的产权关系给城市更新带来了极大的困难，政府曾试图通过“查违”解决这种复杂的土地权属，却引发了较多社会摩擦。因此，如何合理解决产权模糊的问题，是打破障碍，推动城市更新实施的关键。另一方面则体现在产权年限的差异以及“土地产权”和“建筑产权”的区别上，“建筑产权”（即房产权）是永久的，没有期限限制，只要房产没有完全毁损灭失就能一直享有；土地使用权是有期限的，国家通过土地有期出让方式，授予用地人40年、50年、70年不等的使用权。

经过多年的快速城市化发展后，以城市增量扩张为主要特征的土地城市化已经趋于饱和，中国各大城市正逐步进入存量开发阶段，对土地开发实行“存量优化”的手段。以深圳为代表的地区率先提出城市由增量扩张向存量优化阶段转变，成为中国城市发展的先行者。对于城市存量优化开发而言，权益置换或权利变换是存量开发制度的核心，是否构建了成体系、规则合理、社会认可度高的权益置换或权利变换规则，是存量开发制度是否完善、成熟、可实施的首要衡量标准。但是，在我国，构建权益置换或权利变换制度规则的最重要且最困难的就是现行土地管理制度下产权壁垒，所谓产权壁垒问题主要分为以下两个方面：（1）地类之间的权益不衔接，权益置换或权利变换困难。由于不同类型的用地用途管制制度不同及用地之间相互割据等，使得不同地类之间的权益不衔接，缺乏合理的权益兑换规则。由于未理顺各类用地之间的权益转换规则、未能合理处理土地再开发中原用地主体、国家、集体之间的利益关系，在城乡经济社会协调发展等多个关键方面引发社会矛盾与可持续发展问题。（2）合法外用地的产权处置难。合法外用地的产权处置问题是各地政府土地管理中面临的普遍难题。在我国快速发展的过程中，土地征收、出让、规划建设、登记等各环节的法律法规不完善、制度体制变迁、管理机构更替、政策执行偏差等，共同导致了征地遗留问题、已批未建、已批已建未完善土地出让手续、未按批准建设等情形多样的合法外用地，成为各地土地管理规制的难题。此类用地也成为存量土地再开发中土地产权处置的瓶颈。基于既有合法用地权益分配再开发中的增值收益与分摊成本是存量开发产权处置的基本规则。而合法外用地难以适用存量开发中一般合法用地的权益处置规则，其合法化处置则属于土地管理中长期搁置的难题。突破产权制度壁垒，解决现存的城市空间重构、土地资源统筹配置中的产权障碍，是城市各地区探索存量开发的关键。

2.1.2 城市更新的功能特征分析

城市更新是结合各项规定和相关程序对于不适应现代化社会生活或者不符合城市发展的地区进行功能提升、拆除重建和综合整治等的活动。城市功能可分为政治功能、经济功能、社会功能、文化功能和生态功能，而城市更新的功能是在已有的建筑基础上，通过调整结构、完善设施、内部改造等的方式提升城市功能。当前城市的发展逐渐从增量发展到存量或减量转变，摒弃大拆大建的更新方式，在已有的基础上进行更新，实现功能提升与结构调整。城市在功能上更新需要结合城市的实际情况，遵循因地制宜的原则，对于不同城市，体现各城市的特点与差异，从而制定出科学、合理的更新措施。城市更新和功能提升需要结合城市发展各方需求，针对不同建筑，征求各方主体（市场主体、政府主体、产权主体、实施主体、租户、居民等）的意愿，解决当前城市建筑功能和生活上存在的问题，对其进行综合分析，使其符合城市的发展需求，从而满足政府的定位以及人们的需求，打造以人为核心的现代化城市，提升城市经济效益及社会价值，实现现代化城市的发展目标。

北京市中关村鼎好大厦旨在建造智慧科技新地标，打造自然交互的新空间，拉升中关村区域价值（智领擘首·慧粹中关）。在功能上的更新主要体现在聚集、交互、发布、展示、体验、办公、配套服务商业、灵动空间、科技服务等方面。有关鼎好大厦的功能分析如图 2-1 所示。本大厦的功能提升主要体现在空间和生态上，本建筑更新的空间提升有以下几个方面：

（1）发布厅：具备发布功能，考虑与午休、书店、观影、展示、共享会议室等空间结合。

（2）联合办公（自营）：鼎好大厦联合办公场所分为三个阶段，企业初创时——陪伴服务（独立工位设计）；企业成长时——导师服务（1 ~ 20 人房间）；

企业辉煌时——创新服务（1 ~ 20 人房间）；除必要公共服务空间，其他活动空间利用楼内共享空间；植入 X-node 创新服务。

（3）科技沙龙：学习大阪站 knowledge salon 会员制管理经验，打造创新俱乐部；与 Xnode 等优秀创新服务机构合作，引进世界 500 强、国家政府、世界名校等创新机构，用科技创新的方式给传统企业赋能，展现科技硬实力，在世界面前秀肌肉；设计 DIY 厨房，为科技沙龙灵活提供餐饮服务。

（4）展览展示：（展览、展示、展销）充分利用商业、2 ~ 5 层除办公以外的中心区域、地铁与项目连接部分、健身步道及时光隧道主动线，呈现大企业展销、成长型企业展示、初创企业利用密集人流推广展示的功能；一层展览展示展销功能与办公大堂、商业入口的有机连接；体验式展销、展览、展示；跨界展示及体验。

（5）屋顶花园：设计健身步道；健身步道与东北角地铁及公共绿地、地下二层地铁、内部时光隧道有机连接；呈现可露营区域及露天电影区域；网红 IP 元素。

（6）网红打卡：结合发布厅功能及地下车库部分区域，打造网红打卡空间，例如快闪活动、极客活动、光影及动漫展、各类艺术展、泛娱乐粉丝经济；设置跨界商业——奔驰咖啡、故宫咖啡等。

（7）其他：对于现有的建筑功能进行拓展，增设创新房间与设施，主要包括户外线上与线下发布空间、睡眠舱、地下库展厅利用等，如图 2-2 所示。

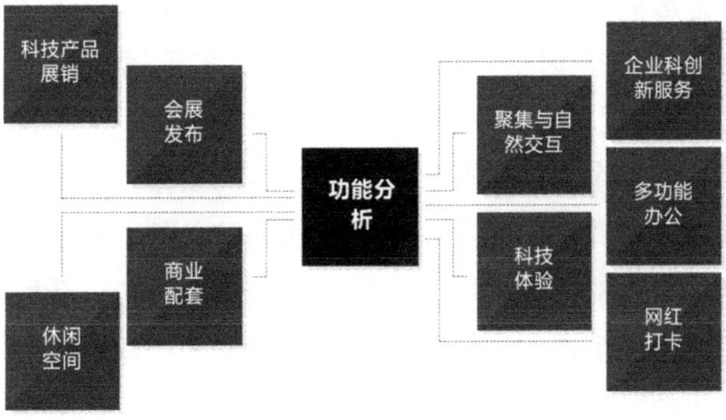

图 2-1　鼎好大厦功能分析

（a）户外线上与线下发布空间

（b）睡眠舱

（c）特色书屋

（d）地下库展厅利用

图 2-2　鼎好大厦功能拓展

2.2　城市更新产权主体与实施主体路径分析

2.2.1　城市更新产权主体

产权权属是影响更新项目实施改造的主要因素，产权主体类型是城市更新项目实施改造的显著因子。任何产权都具有多重属性，称为“产权束”。城市用地的“产权束”包括所有权、开发权、使用权、支配权等。“产权束”的各项权利可以为一个主体所有，也可分属不同主体。产权交易平台的建设前提要明确产权，要界定不同产权主体的权利和义务，各项土地产权要有明确的主体，这是产权的行为属性基本要求。明确能参与更新后的土地价值分配及完成改造后权利消退的主体。最大限度的发挥产权制度的效用，推动资源优化配置。所谓明确产权主体，就是在一定的土地产权结构中，每一项土地产权对应一个特定产权主体，但一个产权主体可拥有多项产权。

城市更新产权主体即权利人，大多数城市都鼓励城市更新项目的多主体参与，深圳已经明确了城市更新项目“多主体申报”的可能。就中国的发展而言，主要的特点是保持政府行政力量对经济社会发展的有效干预甚至是主导作用，权威的政府与城市开发商、投资商形成联盟，相互之间形成一个关系网，如图 2-3 所示。城市政府通过与市场间的合作与博弈，形成增长联盟，共同推动城市经济发展，带动城市建设。政府为了引导城市发展、调控市场经济等通常通过大事件营销的手段推动城市更新，如 2014 年南京青年奥林匹克运动会极大地促进了河西新城的发展，但是随着利益格局的迅速变化，使得以大事件营销手段的城市发展不会长久。

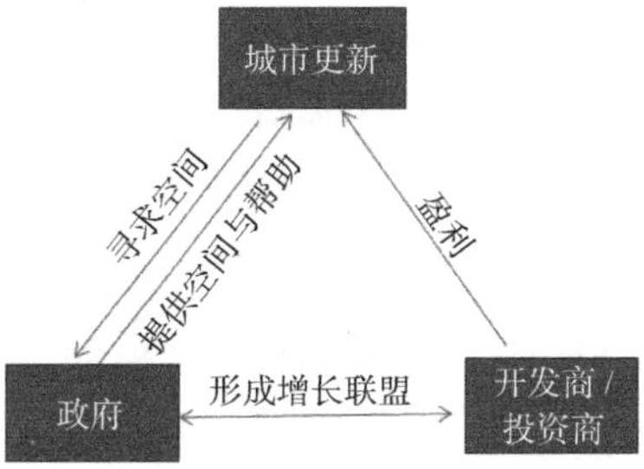

图 2-3　大陆土地更新权利人关系网

2.2.2　城市更新实施主体路径分析

通过对现有的基于不同行为主体的城市更新模式的相关研究进行分析，发现其分类方式可分为两种：

（1）基于更新行为相关者及其主体关系；

（2）基于产权主体治理方式。

从产权主体治理方式看，城市更新模式可分为“激进式”的自上而下政府主导型、“渐进式”的自下而上；城市更新模式也可分为自上而下的政府主导型、自上而下与自下而上的结合型。产权主体由市场主体、社会公众和政府管理部门组成，根据产权主体进行分类的话，“上”指的是政府管理部门，“下”指的是社会公众，而市场主体是处于“上”“下”之间的，可与社会公众和政府管理部门形成合作关系。不同城市更新模式下对应的产权主体是不同的。“自上而下”“自下而上”“上下结合”三种城市更新模式的具体信息见表 2-1。

三种更新模式比较　　表 2-1

更新模式	主导主体	主要建设方式	建设方式优点
自下而上	社会公众主导或社会公众和市场主体共同主导	综合整治	最大限度地保留原住民、保护历史建筑，短时间内以较低的投入获得较大的城市形象改善和城市功能提升（弊端较多）
自上而下	政府主导或政府和市场主体共同主导	大拆大建	
上下结合	政府、社会、市场的多元合作	小规模、渐进式发展	具有两种更新模式的综合优势，但是对城市治理能力有很高要求，自上而下推动落实，自下而上居民积极参与

根据三种更新模式的比较来看，“自上而下”更新模式：以政府为主导，虽然在重大基础建设、城市局部或整体调整、各方关系协调等方面具有绝对优势，但是在城市更新过程中破坏力较强，一定程度上干扰了原住居民的原始生活环境及一些历史建筑，所建立的新的产权结构影响了空间边界的重划、空间性质的改变、空间结构的重组和空间、规模的分异，更加侧重于城市整体规划，对于社会公众来说存在极大的弊端。对于“自下而上”更新模式来说，大多数以社会公众为主导，其在增强城市活力、保留历史建筑、建设成本等方面具有绝对优势。综合两种模式的优势的模式，即“自上而下自下而上结合”多方合作的模式值得倡导。由上述可以看出，不同更新方式在产权视角上采用了不同的策略，但都注重城市更新中公共要素的落实，低效使用的土地更新的关键是产权交易方式的设定，如何有效地降低产权交易成本，产权交易制度的设计是关键，依据产权交易主体的不同，采取如产权租赁、产权拆分、产权整体转移、产权置换等不同路径方式。更新中应从自上而下转变为上下结合，根据再开发主体的不同，选择适合的交易对象匹配，协调独立开发或联合开发形式，确定公共服务改造的分担比例，分摊具体责任。更新中应充分考虑土地产权人意愿，无论何种模式，权利主体在更新过程中起着至关重要的作用，其对城市更新的诉求和意愿能够直接影响到项目的效益高低、关键决策及是否成功。

2.3　多方参与的城市更新协同机制的建立

城市更新的多主体协同机制是指在存量更新项目中，构建跨主体的机构或组织，协调多方主体的利益分配，通过主体之间的理性商谈和有效沟通，形成合意，同时协同建立规划优化、市场化机制引入等政策工具，达成城市更新的目标，实现城市空间多样化、品质化，达到持续健康推进城市更新发展的目标。该机制的建立在基本维持公民原有权益的基础上，还具有多重现实价值，不仅能够形成“共建”效应，降低城市更新投入成本，还可以形成“共治”效应，平衡复杂利益诉求，除此之外，也有利于形成“共享”效应，满足以人为本发展要求，暗含着一种将城市空间归还给公民的人文主义意蕴。

2.3.1　协同主体的确定

1. 政府主体：各级政府及其职能部门

城市更新作为政府的一项民生工程，政府主要从明确改造任务、建立实施机制、合理共担改造资金、完善配套政策、强化组织保障这五个方面发挥职能。

城市更新的政府主体分为中央政府、省市级政府、区级政府及其派出机构街道办事处这三类主体。中央政府主要负责颁布城市更新指导意见、提供中央财政补贴。省市级政府主要负责制定符合当地的城市更新专项计划、技术规范、建立健全工作机制、落实配套政策、提供相应的财政支持等。区级政府和街道办事处负责辖区内城市更新具体项目的组织实施和统筹协调。

政府应发挥统筹引领和平台搭建的职能，发挥政府投资项目对城市更新的撬动模式，为各方力量参与城市更新指明方向，应重点从保障民生安全底线出发，以政府投入公共空间整治、轨道建设、重大项目建设等多种方式撬动多元资本参与，以点带面，统筹推动地区更新。

2. 市场主体：专业经营单位及其他参与城市更新的企业

专业经营单位主要有供水、供气、弱电（通信、有线电视）等管线单位和负责具体城市更新工程实施的建设单位。管线单位出于社会责任，需要出资参与城市更新中相关管线设施设备的改造提升，改造后依照法定程序移交的专营设施设备，由其继续负责后期维护管理。建设单位依照工程管理规范和综合改造工作要求，严格实施，确保改造成效。

其他参与城市更新的企业（社会资本）主要包括原产权单位、物业服务企业和为社区提供养老、托育、家政等服务的机构。其中，原产权单位对已移交地方的原楼宇改造尽可能地提供资金等支持。物业服务企业是通过市场行为向社区提供物业管理的私人营利部门，主要为社区提供物业管理相关的服务，即通过收取物业费用的方式对社区内的建筑物、公共设施、治安、绿化环境等进行日常的维护和修缮工作。为社区提供养老、托育、家政等服务的机构，在政府的引导下，以政府与社会资本合作模式积极参与城市更新。

城市更新应充分发挥市场机制作用，充分调动各方参与积极性，畅通社会资本参与路径，鼓励资信实力强的企业和主体积极参与城市更新，深化微利可持续和成本分担机制，形成多元化更新模式。

3. 居民主体：居民委员会、业主委员会、居民个人

居民主体作为城市更新的核心利益相关者，包括组织化的居民和居民个体。其中，居民委员会和业主委员会是组织化居民的两个典型代表。

居民居委会，作为“政府在社区的运行”，负责具体某个城市更新项目的组织实施和领导工作，是社区居民与地方政府之间连接的纽带。

业主委员会，作为社区居民自治组织，它是城市更新在社区内部的自组织平台。主要发挥以下三种功能：第一，动员作用。发挥宣传功能，动员社区居民积极参与城市更新。第二，协调作用。针对城市更新过程中遇到的问题，如拆除违章建筑等难题，由业主委员会和党员发扬先锋作用，带头拆除，勇做表率，鼓励其余居民配合相应工作。第三，管理作用。协助物业服务公司，代表社区居民一起管理和支配房屋维修基金，保障社区以后建筑修缮的制度化运行。

居民个体，是城市更新的受益主体。作为城市更新的最大利益相关人，应该积极主动地参与并监督本社区的改造工作。具体来看，居民在城市更新中应积极参与改造方案制定、配合施工、参与监督和后续管理、评价和反馈效果等。

城市更新应以居民需求意见为导向，加强宣传动员，促进自上而下的政策传导要求与自下而上的需求主导进程有机结合，激发居民参与改造的主动

性和积极性。与此同时，加强街道乡镇党建引领基层治理，改造前问需于民、达成共识，改造中问计于民、达成共建，改造后问效于民、实现共赢，构建综合协同、良性互动的城市更新治理体系。

由于三方自身的特点，其基本利益关注是不一致的。对于居民来说，最关心的是自身的生活条件变化，如居住面积是否增加、房屋类型是否更合理、原老旧房屋的安全隐患是否能够得到解决等方面；对于企业来说核心关注的是项目的利润，如项目的利润率、项目投资开发的难易程度及开发周期等；对于政府来讲，核心关注的是住房安全隐患的排除、民生工程的实施、财政资金合理化使用及社会效益的最大化等。在这种核心关注点不一致的情况下，政府的作用就显得尤为重要，政府必须加大统筹引导力度，确定这些增量分配关系符合更新各参与方的利益需求，在确保大的原则和底线前提下，协商拟定有关各方的利益，形成共同参与共赢的多方主体组织，同时要根据工作的推进适时协调各相关部门和金融机构、城市更新专家等机构的介入。

2.3.2 合意机制建设

合意机制是指在城市更新中，需要多方协商的事项，为使多方达成共同意见的一套程序和制度。合意机制存在各个主体之间，如业主在更新意愿中的合意，业主、政府主导者和参与者在更新方案设计和确认中的商谈合意以及业主之间、业主与实施者在更新实施中的协同合意等。合意机制要遵循“公开、公平、公正、规范”的原则，在法律法规的框架内开展活动。这些活动是不断交叉重合的，不断动态调整和修正，最终达成一致同意意见。合意的形成是比较困难的，其在协同机制的建立过程中也是最重要的核心部分。

合意机制的设计可以包含以下几个方面：（1）更新决议的民主集中合意达成机制。（2）利益分配方案的合意达成机制。项目主体应在开发前在其内部进行充分协商，并在项目开发前制定出基本的利益分配方案。利益分配的合意至少包括：哪些主体有资格进行利益分配、哪些主体负责利益分配活动的管理组织和实施、开始分配活动需要满足何种条件、需要遵循何种利益分配的基本原则和标准以及具体的实施方法等。在利益协同过程中，政府需要执行相关配套法律法规对其予以保障，项目主体需要进行精细的经济指标测算，该结果可以作为经济利益分配的依据，使得利益分配公开透明。除此之外，还需运用经济和技术手段，使得经济效益最大化，社会效益最大化。（3）利益分配的合意确认机制。该机制是各方主体对未来更新活动的预计利益进行分配，并获得各方认可的意思表示，即为更新最核心的保障机制。更新活动的各方主体都应明确其在利益分配中的权利和义务，对上述合意进行明确的意思表示，并以合同形式确定其就各自利益的分配达成共识。（4）风险纷争化解机制。该机制用于处理更新活动整个过程中的各种矛盾纠纷和冲突风险的争端解决，是合意机制的重要组成和保障制度之一，其主要指导思想仍是多方协同，基于各方善意的理性沟通和商谈来解决各种争端。城市更新活动涉及人数众多，经济利益显著，容易引起各种权益纠纷，甚至引发群体性事件等社会管理风险。在整个更新活动过程中都有可能会出现各种冲突和纠纷，因此，争端解决机制一般由事先风险预防和事后矛盾化解机制组成。事先风险预防机制，包含在前面三个合意达成机制中；而事后化解机制，主要适合用于解决围绕着更新活动的各种民事争议和行政争议。其中，行政争议是极端性争端的主要表现，因此，事后化解机制作为用于解决行政范畴争端的机制，是城市更新安全保障制度之一。上述四个合意机制，都包含着意见从不统一逐步转向统一的过程，因此，均可参照交往行为和理性沟通的基本要求，对不同意见的双方或多方主体进行真诚、真实、有效性、理性的沟通，使其从意见不统一逐步走向意见统一。

2.3.3 规划修正机制建设

对城市新区建设的规划来说，它属于终极蓝图式的规划，其规划编制体系是自上而下的，产权人更多的是遵守和执行。而在城市更新领域，由于产权主体的特殊性，各个主体的地位是平等的，他们可以就共同关心的问题进行提议、批判、辩论，并在最终达成共识后使这些共识成为一定意义上的愿景或规划，该愿景或规划应该是可讨论、可修改、可完善的，是符合各个相关主体利益的。

规划修正机制的建设需要完善规划制度，并同步建立与城市更新建设管理相适应的规划编制体系。在总的基本原则不变的前提下，可以根据产权人的合理意见对具体项目的指标进行优化，这也是真正意义上的公众参与。换言之，可以在一定的限定框架内探索政府、企业、居民三方通用的规划指标确定办法。由此达成真正意义上的协同，是由多方协作而不是由一家说了算。政府可以考虑放松对存量土地的管制，允许产权制度对多产权主体的就地更新项目的适度放松，并在依法保障公民个人产权的基础上，允许在基本协商一致的前提下，通过一定的程序，适当增加地块容积率。

2.3.4 社会资金进入城市更新领域的机制

城市更新是一项复杂的社会化综合改革的过程，其工作的开展和推进需要统筹协调，需要多种资源的支持以保障其顺利进行，其核心是需要筹措资金，建立多元可持续的资金保障机制。目前，城市更新资金通常采用由政府投入，产权主体承担小部分的模式，此种模式可持续性较差，没有充分对更新项目挖掘潜力和发挥优势，容易导致项目经济不平衡，各方主体都对其颇有意见。此时，建立市场化主体进入城市更新领域的通道和路径是十分必要的，这是因为社会资本是最有活力的，需要通过市场化的社会资本激活城市更新市场，为市场化主体一定的盈利空间，引导他们积极参与更新项目，为城市更新创造良好的资本氛围。

为了引导社会资本进入城市更新领域，对不同的更新项目进行分类施策就显得非常重要。对于一些土地利用率已经相对较高的、周边没有或可用资源较少的更新项目，应将其定义为非营利项目，引入公益性机构作为实施主体。对于土地利用率低、周边空间大的更新项目，可以进行综合分析，在有足够配套公共设施的前提下，提高土地利用率，合理提高土地利用价值，可定义为营利性项目。对于增加的容积率面积，应制定相应的政策，允许市场主体进入市场。当市场主体进入更新换代市场时，应建立一个开放的制度，实行透明化运作。通过这种方式，可以筹集部分社会资金，以促进城市更新的可持续发展。

2.4 各级政府对更新主体的管理机制的完善

2.4.1 广州

2015年，应广州市政府机构改革方案要求，广州市成立了城市更新局，并将其作为本轮政府机构改革新成立的政府部门之一。广州市城市更新局取代了原市“三旧”改造工作办公室，在未来城市更新工作中，将起到改造项目数据调查、项目协调推进的作用。原“三旧”办虽然具有“三旧”项目的规划编制权、审批权和专项资金调配权，但是其有关“三旧”项目的审批标准与既有的规划指标存在一定的差异，并且其审批权与规划局的建设项目审批权相冲突。因此，城市更新局的成立，是在职责和权力设置两方面进行制度创新。除此之外，广州城市更新局的成立是全国范围内的第一次尝试，根据市政府相关机构改革计划，城市更新局涵盖了原“三旧”改造工作办公室的职责以及市政府有关部门关于统筹城乡人居环境改善的职责，在原“三旧”办的基础上，增加了完善城市基础设施公建配套、改善人居环境、提升城市功能的内涵要求。

广州城市更新工作是以城市更新局为核心机构，由市城市更新工作领导小组管理，其他有关部门（规土部门）配合进行展开的（图 2-4）。城市更新局内部共设置了 7 个处室，含 6 个覆盖城市更新全过程管理的处室（即法规政策、计划资金、土地整备、前期工作、项目审批、建设监督）以及局办公室。除此之外，城市更新局还设置了 4 个直属事业单位，包括城市更新项目建设办公室、城市更新规划研究院、城市更新土地整备保障中心、城市更新数据中心（图 2-5），为城市更新提供技术支撑。2016 年，广州试点开展“简政放权”，以 26 个城市更新重点项目为试点，将审核审批权限交由各区行使，以强化区政府第一责任主体作用。2017 年广州正式开展防区强权工作，至今为止已将多项权限陆续下放至相关区政府。

2.4.2 深圳

在 2016 年深圳市六届人大二次会议上，市政府要求进一步推进城市更新强区放权改革，解决城市更新项目审批链条长、环节多、时间长、效率低等问题，进一步厘清市、区、街道的职能定位，实施精准放权，将事权、审批权、财权等下放到基层，给予基层更大的自主权。这轮强权改革以规划国土体制机制改革为重点，成为深圳进一步优化市区两区管理体制、促进城市更新实施的积极探索。

为实施强区放权，市区两级政府城市更新管理体制进行了优化调整。一方面，在市城市更新局成立的基础上，区城市更新办更名为区城市更新局，

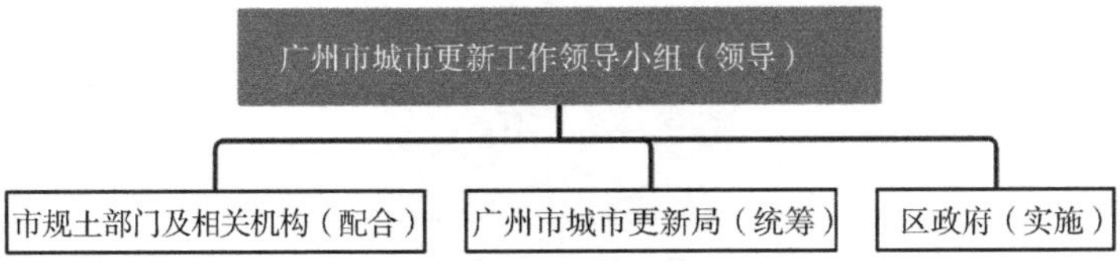

图 2-4　广州市城市更新工作推进流程

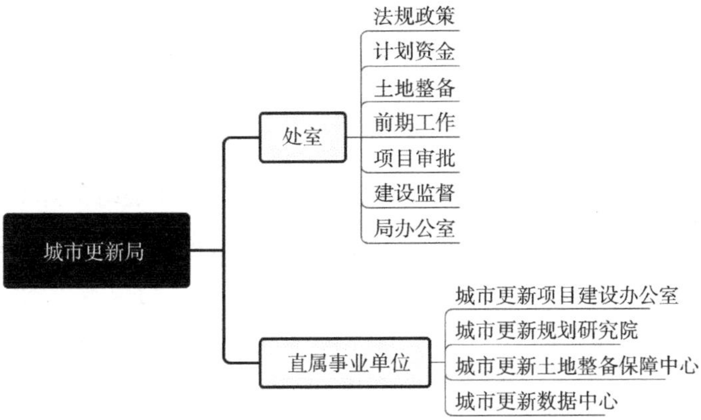

图 2-5　广州市城市更新局组成

建立“市城市更新局—区城市更新局”的市区两级更新管理组织架构。

同时，市区两级城市更新管理部门的职责也进行了重大调整。在市级层面进一步强化宏观统筹管理职能，城市更新单元规划的审批除了部分重点单元之外，市城市更新局基本上不再介入。市城市更新局的职责转变为以政策、规则、标准的拟定，全市和各区宏观层面城市更新五年专项规划的制定和审查，城市更新专项基金管理以及绩效考核等为主（图 2-6）。在区级层面，各区城市更新局在强区放权后承担了各区城市更新管理的核心职能，主要包括：（1）城市更新单元的审批（审查）权；（2）城市更新项目建筑物信息核查及权属认定（含历史用地处置）；（3）城市更新项目的用地报批、建设用地规划许可证核发、地价核算、国有土地出让合同签订等；（4）城市更新项目建设用地规划许可证、建设工程规划许可证核发，建设工程规划验收等；（5）城市更新项目的监督检查。在实施的过程中，市政府可以根据实际需要，调整市区机构的职责分工。

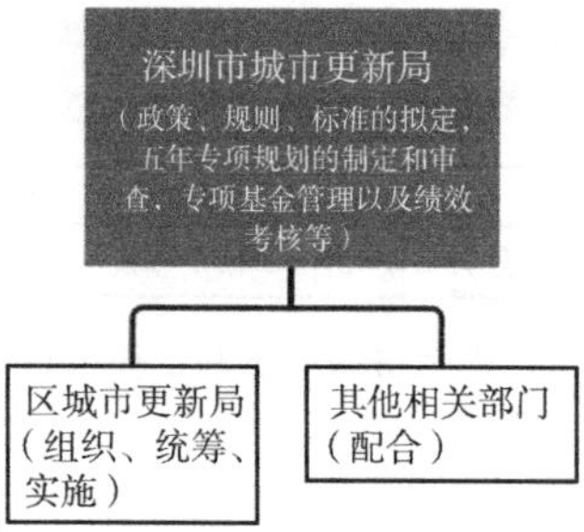

图 2-6　深圳市城市更新工作推进流程

2.4.3　上海

上海全市城市更新工作由上海城市更新工作领导小组保障其顺利实施，该城市更新工作领导小组由市政府及市相关管理部门组成，负责领导全市城市更新工作，对全市城市更新工作涉及的重大事项进行决策（图 2-7）。市城市更新工作领导小组下设办公室，主要负责全市城市更新协调推进工作，包括城市更新的日常管理、技术规范和管理规程制定、更新项目的组织协调和监督检查、更新政策的宣传工作等。而区县政府作为推进本行政区城市更新工作的主体，应当指定相应部门作为专门的组织实施机构来具体负责组织、协调、督促和管理城市更新工作。

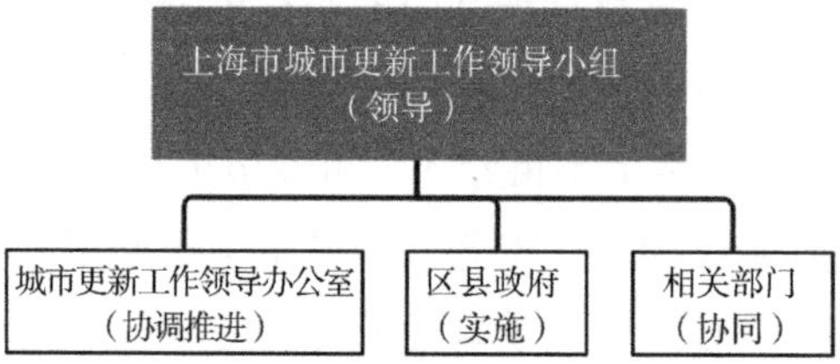

图 2-7　上海市城市更新工作推进流程

2.4.4　北京

与城市更新发展较为成熟的典型代表城市如广州、深圳和上海等不同的是，北京正处于城市更新的发力阶段，其城市更新配套的政策体系还不完善。2022 年 7 月 27 日，北京市十五届人大常委会第四十一次会议上首次进行审议的《北京市城市更新条例（草案）》中建立健全了城市更新组织领导和工作协调机制，其明确了各级政府部门在城市更新工作实施过程中的管理职责（图 2-8）。其中，市人民政府负责统筹全市城市更新工作，研究、审议城市更新相关重大事项。市住房和城乡建设管理部门应设立城市更新综合协调机构，负责城市更新日常工作。同时，市住房和城乡建设管理部门负责制定城市更新计划并督促实施，跟踪指导城市更新示范项目，建立维护城市更新信息系统，按照职责推进城市更新工作。而市规划自然资源管理部门则负责组织编制市级城市更新专项规划，按照职责研究制定城市更新有关规划、土地政策。至于市发展改革、财政、经济信息化、科技、商务、城市管理、交通、水务、园林绿化、消防、人防、国资、税务、金融监管、市场监管、政务服务、文物、文化旅游、民政、教育、卫生健康、环保等部门，则按照职责推进城市更新工作。在区级层面，区人民政府（含北京经济技术开发区管委会）负责统筹推进、组织协调和监督管理本辖区城市更新工作，明确本区城市更新主管部门，而区级职能部门应当按照职能分工推进实施城市更新工作。

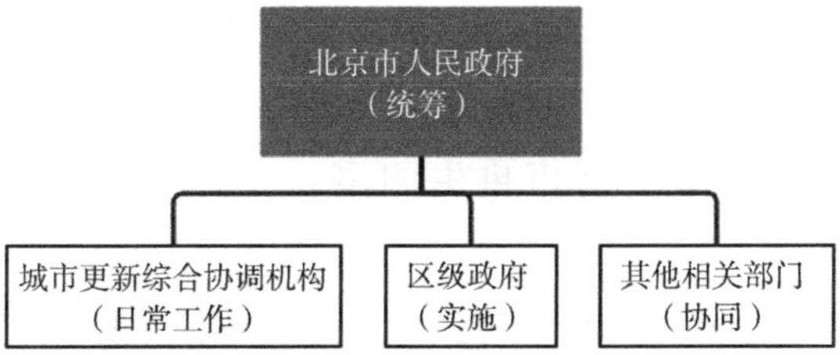

图 2-8　北京市城市更新工作推进流程

本章参考文献

[1]　李政清 . 北京城市更新的实践与思考 [J]. 城市开发，2022，(01): 38-40.

[2]　邹兵 . 增量规划，存量规划与政策规划 [J]. 城市规划，2013，2: 35-37.

[3]　邹兵 . 存量发展模式的实践、成效与挑战——深圳城市更新实施的评估及延伸思考 [J]. 城市规划，2017，41（01）: 89-94.

[4]　谷志莲 . 权益指标化：跨越转型期存量开发产权制度壁垒 [C].// 活力城乡 美好人居——2019 中国城市规划年会论文集（02 城市更新），2019: 273-278.

[5] 朱正威 . 科学认识城市更新的内涵、功能与目标 [J]. 国家治理，2021，（47）：23-29.DOI：10.16619/j.cnki.cn10-1264/d.2021.47.003.

[6] 高希 . 基于产权交易视角的城市更新机制研究 [C].// 活力城乡 美好人居——2019 中国城市规划年会论文集（12 城乡治理与政策研究）.

[7] 王雨 . 基于土地制度差异的城市更新比较研究 [D]. 南京：南京大学，2013.

[8] 陈晨 . 基于不同行为主体的城市更新模式初探 [J]. 中国建设信息化，2022，（05）：77-78.

[9] 吴伟仪 . 国外城市中心区的更新和启示 [J]. 建材与装饰（下旬刊），2008，（04）：55-57.

[10] 王京海 . 产权博弈与重构：城市工业园区转型机制研究 [D]. 南京：南京大学，2017.

[11] 邱翔 . 产权视角下上海中心城区历史街坊有机更新的策略研究 [J]. 建筑与文化，2018，（10）：213-215.

[12] 王书评，郭菲 . 城市老旧小区更新中多主体协同机制的构建 [J]. 城市规划学刊，2021，（03）：50-57.

[13] 温丽，魏立华 . 日本都市再生的多元主体参与研究 [J]. 城市建筑，2020，17（15）：16-19.

[14] 赵峥，王炳文 . 城市更新中的多元参与：现实价值、主要挑战与对策建议 [J]. 重庆理工大学学报（社会科学），2021，35（10）：9-15.

[15] 呼筱妍 . 老旧小区改造中的协同治理研究——基于郑州市老旧小区改造的实践分析 [D]. 郑州：郑州大学，2020.

[16] 王书评，郭菲 . 城市更新的自平衡协同模式研究——以杭州拱宸桥地区老小区更新为例 [J]. 时代建筑，2020，（01）：40-45.

[17] 唐燕，杨东，祝贺 . 城市更新制度建设：广州、深圳、上海的比较 [M]. 北京：清华大学出版社，2019.

[18] 司马晓等 . 深圳城市更新的探索与实践 [M]. 北京：北京建筑工业出版社，2019.

第3章

three

城市更新项目面临的功能调整

当前时代，业态转变是传统零售公司提升运营质量和获得市场竞争优势的重要途径。鼎好大厦经历了两次转型，两次转型后，北京鼎好作为中国第一个从一开始就根据科技创新生态而建立的城市更新运营服务与创新空间。其拥有得天独厚的区域资源优势与天赋特质，地处北京市海淀区中关村西区，也处于北京市科技创新中心的核心地段。中关村的市场结构产生了变化，由原来的电子一条街发展到如今的一区十六园。通过对中关村甲级和乙级写字楼的市场研究，可知中关村区域甲级写字楼空置率预计仍将继续处于极低的水平。

3.1 城市更新项目面临的功能业态转型分析

由于当今时代的发展，数字技术正全面融入经济社会发展的各个领域，给人们的生产生活带来了广泛而深刻的影响。随着互联网、大数据、云计算等数字技术的快速发展，业态转型已成为传统零售企业提高经营效率、获取竞争优势的重要途径。随着中国被坚定地定位为“科技强国”，北京作为一个科技创新中心，在定位更清晰的情况下，相关政策也逐渐完善，导致传统零售企业举步维艰。因此，对于一些经营零售企业的建筑而言，只有进行业态转型，才是它们继续生存的唯一出路。

位于北京中关村西区的鼎好电子大厦便面临着这样的处境。2003 年，鼎好电子城开业，它作为中关村的标志性建筑，曾与海龙电子城、中关村 e 世界构成了北京中关村“黄金三角”。由于附近高校林立，鼎好电子城火爆了近 10 年。在那个时代，无数的传奇人物和互联网企业家在被称为“中国硅谷”的中关村诞生并成长起来。例如，互联网一代的领军人物刘强东，用打工赚来的 2 万多元现金在中关村设立了一个柜台，成为中国最有影响力的光磁产品经销商。然而，没有事物能够经久不衰。2009 年，《北京市海淀区人民政府关于加快推进中关村西区业态调整的通告》发布，通告中对中关村西区的功能定位进行了调整，即：以技术创新与科技成果转化和辐射为核心，以科技金融服务为重点，以高端人才服务、中介服务和政府公共服务为支撑的创新要素聚集功能区。根据此定位，将不鼓励电子卖场、商场（店）、购物中心、餐饮等业态在本区域内发展。鼎好迎来了第一次业态转型，同时也是第一次楼宇变化，这次转型是鼎好顺应政府的自发的行为。2012 年前后，鼎好大厦就陆续迎来了中关村国际技术转移中心、创新工场、科创慧谷等创新型服务平台、创投机构和创新企业。鼎好等电子卖场转型成以企业孵化器为代表的写字楼。众多家公司中能够成功发展起来的寥寥无几，现今的鼎好便是其中之一。中关村电子大卖场的繁荣在持续了 10 年之后，随着互联网时代的变革而逐渐走向衰落。从内部来看，同质化、低信誉使其“口碑尽失”，而互联网平台的崛起对实体的电子产品销售形成了致命的冲击。2015 年 10 月，政府对中关村大街的定位也宣告着中关村电子大卖场的终结。根据《中关村大街发展规划》，中关村地区将在未来 3 ~ 5 年完成转型，彻底告别电子大卖场。这是鼎好大厦的第二次楼宇变化。同年，附近的“中关村 e 世界”“百脑汇”相继关停。2016 年，有着 17 年经营历史的中关村海龙电子城也正式对外停止营业了。到此时，中关村地区的业态转型的进度已经到了一多半。2017 年 9 月，《北京城市总体规划（2016 年—2035 年）》实施，其中，中关村西区作为科技金融、智能硬件、知识产权服务业等高精尖产业重要集聚区，将规划建设成为科技金融机构集聚中心，形成科技金融创新体系。至此，鼎好大厦根据政府的定位要求，将进行业态、设计等方面的全面调整，最终决定将鼎好大厦打造成高端写字楼。2019 年 3 月 28 日，欧洲著名私募股权投资基金合众集团（Partners Group）、香港华旭控股、敝城投资、颗腾投资以及中东基金联合出资对鼎好大厦进行收购，项目产权主体是北京鼎固鼎好实业有限公司，投资管理方是北京华旭颗城企业管理有限公司。这是鼎好的第二次转型，第三次楼宇变化。到目前为止，鼎好共经历了三次楼宇变化，两次业态转型（图 3-1）。两次转型后，鼎好成为第一个从一开始即按照科技创新生态打造的城市更新运营服务新空间。它不仅只是一栋办公楼，而是一个为全球和本土公司建立的科技创新生态平台，用科技的力量去改变世界，在中国为全球服务。

3.2 鼎好项目的背景与现状

3.2.1 项目背景

本项目具有得天独厚的区位优势，位于北京市海淀区中关村西区，属于

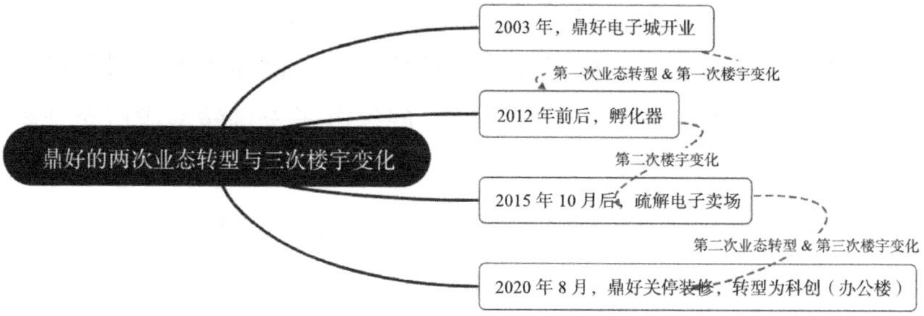

图 3-1　鼎好的次转型过程

北京科技创新中心的核心区域。贯彻落实北京城市发展规划纲领，推动城市空间结构优化和品质提升。成功将空间美学与科创文化完美结合，为中关村区域打造品质斐然、健康环保的现代科技商务综合体。它从电子一条街，到国家自主创新示范区；从新技术的中转站，到科创策源地。40 年的滚滚时代洪流中，这里是中国创新高地，更是未来世界级创新中心，被誉为“中国硅谷”。中关村不仅创造了中国科技创新史上的多项第一，亦正成为全球的创新高地。

鼎好大厦总计建筑面积 18.9 万 m^2，由三宗用地组成，用地性质均为科贸综合。项目于 2003 年 8 月完成一期建设，即鼎好大厦 B 座；于 2008 年完成二期建设，即鼎好大厦 A 座。项目此次升级改造范围除原有 A、B 座地上建筑外，另拟将项目东北侧城市公共绿地一并进行升级改造。鼎好大厦由低中高 3 大功能区、2 个交互区和 1 个俱乐部构成，整体为一个创新生态中心（图 3-2）。

图 3-2　鼎好大厦创新生态中心

本项目的周边环境及地块分布如图 3-3 所示。

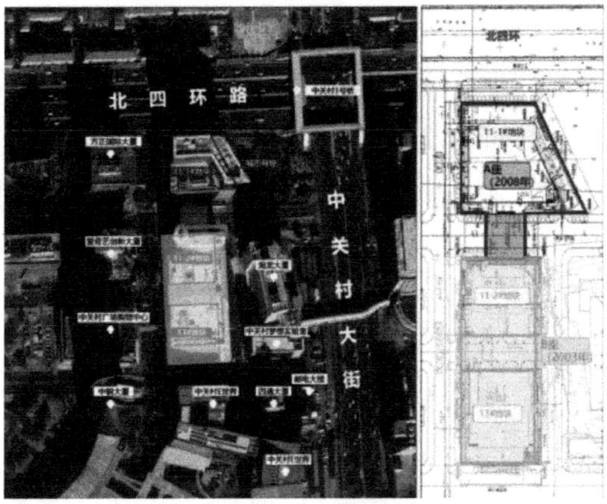

图 3-3　鼎好大厦周边环境及地块分布示意图

鼎好项目具有无可比拟的天赋特质。此地区的政策推动有力，包括世界科技强国的国家定位，中国开启了推进高水平科技自立自强、建设科技强国的新阶段。全球科技创新进入空前密集活跃的时期，科技创新成为国际战略博弈的主要战场，围绕科技制高点的竞争空前激烈；“十三五”规划优化现代产业体系，围绕结构深度调整、振兴实体经济，推进供给侧结构性改革，培育壮大新兴产业，改造提升传统产业，加快构建创新能力强、品质服务优、协作紧密、环境友好的现代产业新体系；科技创新中心的北京市定位，北京相继出台了《北京市海淀区人民政府关于加快推进中关村西区业态调整的通告》《中关村大街发展规划》和《北京城市总体规划（2016 年—2035 年）》等相关政策。中关村的区域资源丰富，智力资源密集。鼎好身处国家硅谷片区，是中国第一个国家级高新技术产业开发区、第一个国家自主创新区、第一个国家级人才特区，也是京津石高新技术产业带的核心园区，被誉为中国硅谷。另外，鼎好大厦是多元化的空间，高层高、大平层、标准层尽显优势。鼎好要发挥政策集成效应，整合资源及交通优势，引领区域市场，带动片区升级。鼎好对未来的展望是作为中国的创新高地，世界的创新中心。鼎好大厦拥有多维立体交通，激活区域潜能，构筑世界焦点。轨道交通方面，北京地铁 4 号线中关村站与地铁 10 号线毗邻。公共交通方面，紧邻北四环，25 条公交路线交汇，便捷无阻通达全城。航空枢纽方面，首都国际机场、北京大兴国际机场高效抵达。24h 地下通廊，环状地下交通线路串联中关村西区，打造快速交通联络网。鼎好附近拥有以北京大学、中国人民大学、清华大学为代表的高等院校近 41 所，以中国科学院、中国工程院所属院所为代表的国家科研所 206 家；拥有国家重点实验室 67 个，国家工程研究中心 27 个，国家工程技术研究中心 28 个，大学科技园 26 家，留学创业园 34 家（图 3-4）。

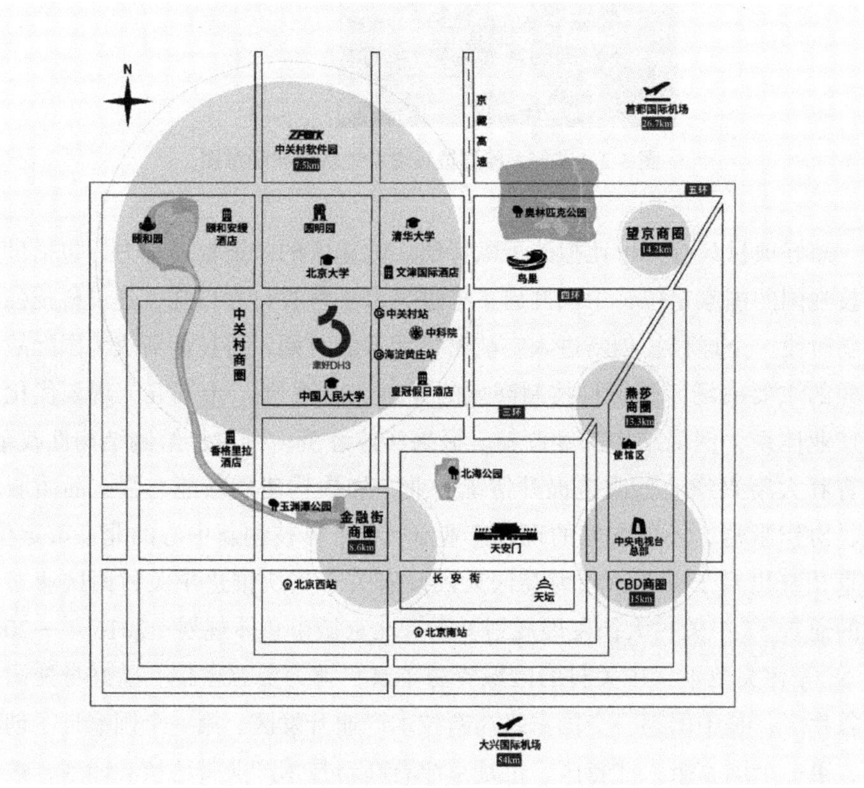

图 3-4　鼎好大厦地理位置示意图

鼎好大厦外连智慧高地，聚纳头部企业。区域内拥有近 5 万家科创企业及清华、北大等 39 所国家级重点高校，更有包括中科院在内的 200 多家科研机构相伴周边，优质产业资源悉数网罗（图 3-5）。

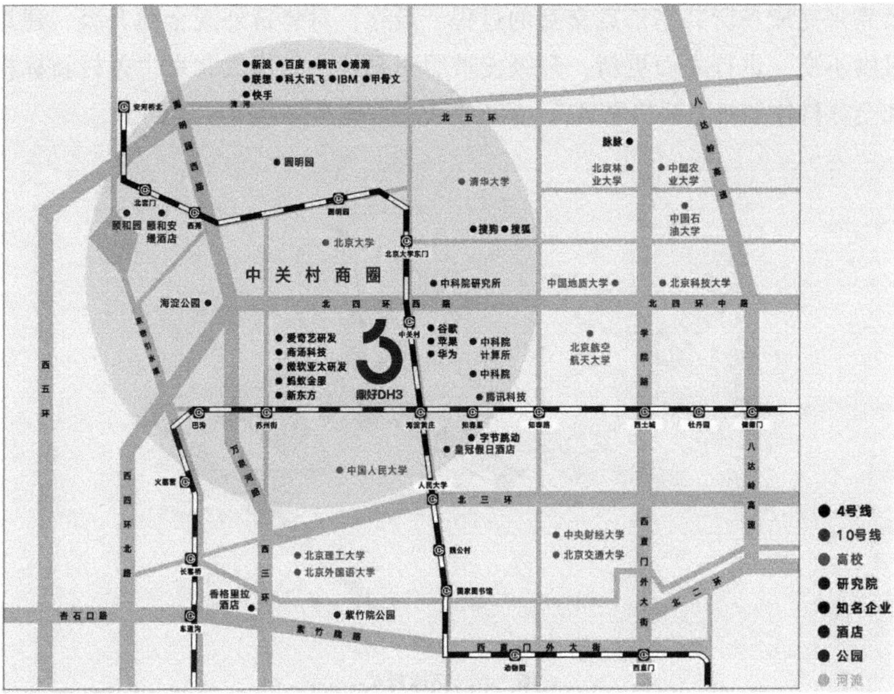

图 3-5　项目周边产业示意图

3.2.2　项目现状

鼎好大厦改造前，其整体品质较差，改造升级迫在眉睫。且现状立面形象杂乱，与周边环境格格不入，公共空间活力不足，与周边地块相互割裂，内部空间及部分设施老化，产业与综合服务品质都亟待提升。该项目旨在通过一系列的设计策略来完成对建筑群的更新和升级。在建筑内部通过设置内部采光中庭、屋顶花园和跑道来体现绿色建筑的理念，为更好地提升人员身体和精神健康做出努力，通过达成 LEED&WELL 金级认证和绿色建筑二星认证，形成良好的科技绿色生态系统。通过搭建创新交互平台和升级机电系统来提升内部品质，形成高端智慧办公环境。为了更好地方便人员的通勤，加强建筑群和外部环境一体化。通过 TOD 模式的城市更新手法，重新构建从地铁站通往中关村的中心区域，力求提升中关村区域的整体活力。建造下沉广场和 24h 地下环廊，将两个地铁站无缝衔接，使得建筑群和外部环境一体化（图 3-6）。注重共享空间的建立。通过设置多元化共享大堂来完成场所共享信息交互的过程。最终，对建筑外观全面升级，建筑尺度不变，进行立面更新，升级夜景照明系统，以达成北京中关村新标杆和全球科技创新高地的愿景。

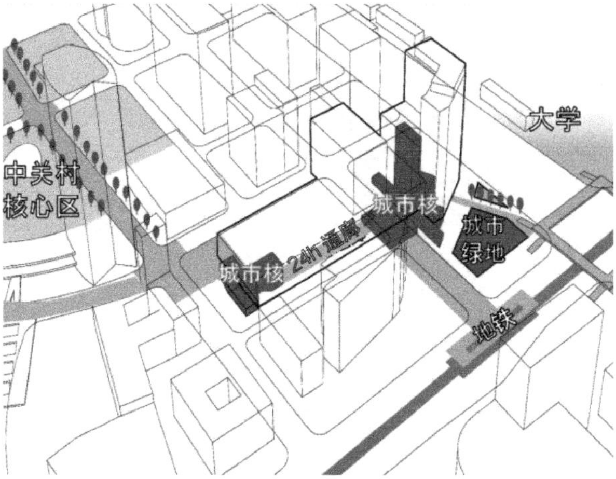

图 3-6　交通核心

3.3　鼎好项目所在区域的市场研究

3.3.1　中关村区域市场研究

2018 年 5 月 28 日，习近平总书记在中国科学院第十九次院士大会上发表重要讲话，站在党和国家事业发展全局战略高度，对推进世界科技强国建设作出重要部署。2017 年《北京市总体规划（2016 年—2035 年）》提出，北京市作为政治中心、文化中心、国际交往中心、科技创新中心；从海淀区来看，北京的科技产业布局以海淀为中心，企业密集、中小企业多、初创型企业集中、研发人员多、经费投入高；从中关村地区来看，密集的科研院和大学分布为高科技企业发展提供创新链条中必备的人才资源和科研设备，形成智力创新生态的基础。

随着时间的车轮滚滚前进，中关村的市场悄然发生着改变。1980—1988 年，科研人员在中关村自主创业，随后中关村地区有了一批下海经商的科技人员，1987 年，电子一条街形成。1988—1998 年，迎来了扩张期，1988 年，“北京市新技术产业开发试验区”成立，1994 年，丰台园、昌平园纳入试验区政策区范围，1999 年，电子城，亦庄园纳入试验区政策区范围。中关村形成了“一区五园”的格局。1998—2009 年是中关村的发展期，1999 年，北京市新技术产业开发试验区管理委员会更名为中关村科技园区管理委员会，2006 年，中关村科技园区扩展为“一区十园”。2009—2019 年是中关村发展的成熟期，2009 年，国务院明确中关村科技园区是国家自主创新示范区，2010 年，北京市人大常委会通过《中关村国家自主创新示范区条例》，2012 年，中关村国家自主创新示范区扩展为“一区十六园”（图 3-7）。

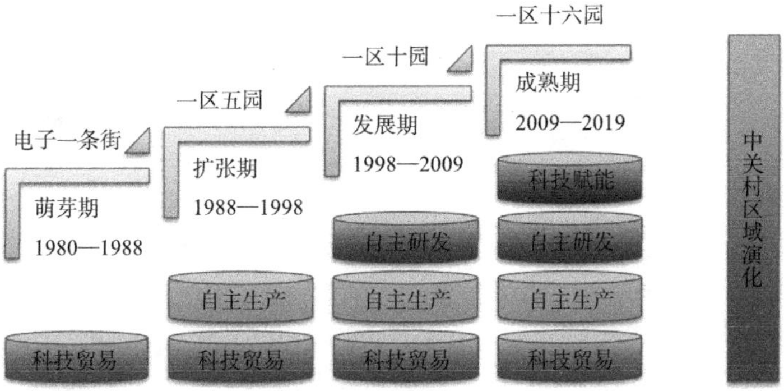

图 3-7　中关村区域演化

对于中关村地区来说，它的市场有四个特征。特征一：核心区空间资源饱和，金融信息服务行业内聚，研发制造行业外移，科技成果转化行业追求效率，初创企业依赖智力资源。特征二：产业园区（软件园）、高效率办公区（朝阳大望京）、核心区写字楼（中关村）互蚀现象明显。特征三：写字楼整体品质偏低，以乙级写字楼为主。甲级写字楼以科技金融、服务行业为主，乙级写字楼以初创企业为主。特征四：写字楼两级分化明显，甲级写字楼较少，单户租赁面积大，付租能力强；乙级写字楼多，户均租赁面积小，付租能力差。根据中关村市场的这些特征，未来中关村最有潜力的发展方向便是甲级写字楼。

3.3.2　中关村区域写字楼市场分析

中关村区域写字楼市场位于中关村科学城核心位置。中关村海淀园是中关村科技园区的发源地，目前规划面积 174.06km²。海淀园的规划由北部生态科技新区和南部中关村科学城两部分组成。北部区域已形成高新技术产业聚集区。南部的中关村科学城以中关村大街、知春路和学院路为轴线，形成总面积约 75km² 的区域，是中关村海淀园区的核心部分。以北三环、北四环、学院路及万泉河路为四至范围，聚集着大量甲级及乙级写字楼，形成了中关村区域的写字楼市场（图 3-8 和图 3-9）。

编号	项目名称
1	融科资讯中心A座
2	创新大厦
3	理想国际大厦
4	融科资讯中心C座
5	威新国际大厦
6	新东方大厦*
7	中钢大厦**
8	中国电子大厦**
9	欧美汇**
10	微软亚太研发中心*
11	中关村互联网金融中心
12	中航广场一期
13	融科资讯中心B座
14	中国卫星通信大厦

*全部自用 **部分自用

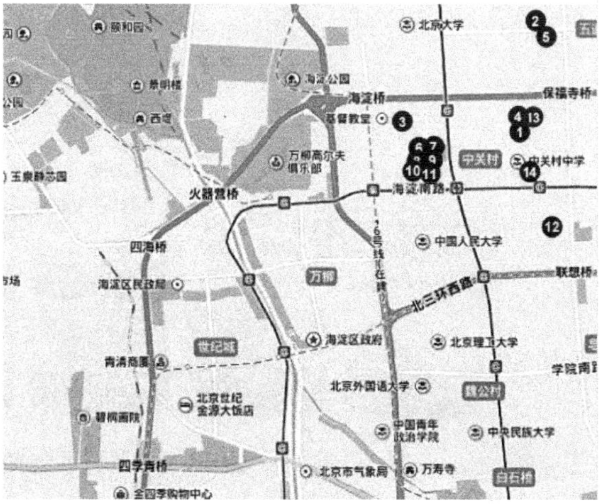

图 3-8　中关村区域甲级写字楼典型项目分布

编号	项目名称
1	太平洋国际大厦
2	中关村大厦
3	数码大厦
4	世纪豪景大厦
5	柏彦大厦
6	海淀文化艺术大厦
7	银网中心
8	天创科技大厦
9	辉煌时代大厦
10	方正国际大厦
11	首创拓展大厦（爱奇艺创新大厦）
12	新中关大厦
13	普天大厦
14	维亚大厦
15	朔黄发展大厦
16	中关村SOHO

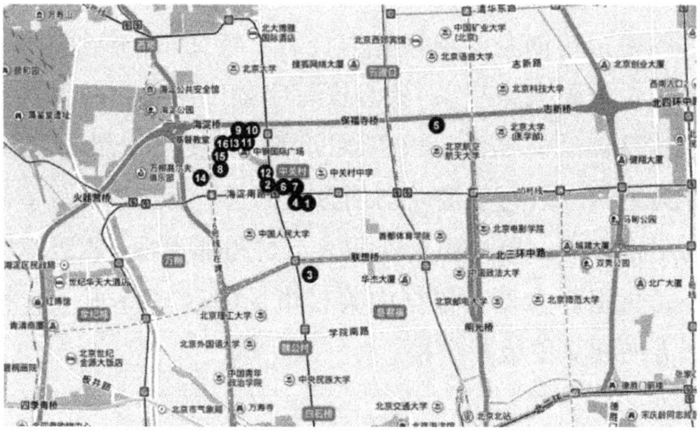

图 3-9　中关村区域乙级写字楼典型项目分布

1. 中关村区域写字楼市场分析

对中关村区域写字楼市场进行供求分析，可知中关村区域新增项目供应不足，企业扩张需求旺盛，空置率常年保持低位（图 3-10）。2009 年、2015 年和 2021 年中关村区域迎来写字楼集中供应，由于区域内发展空间有限，其余年份无新增项目入市，需求主要以吸纳现有存量为主，区域内空置率因此保持常年低位水平。2018 年中关村甲级写字楼市场空置率已低于 1%。鉴于办公需求持续保持旺盛，空置面积极其稀缺，导致企业扩张和升级需求无法得到满足，企业或主动、或被动搬迁至望京等非核心商务区，形成一定的租户外流趋势。未来如有新项目入市，预计将有效满足企业办公需求。

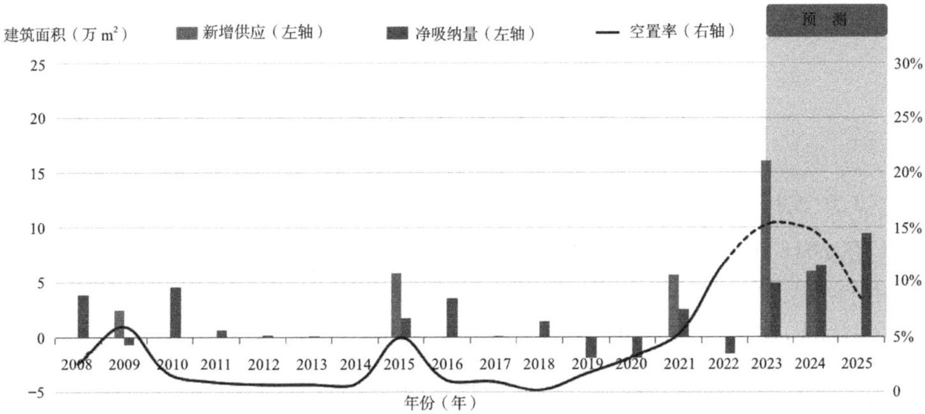

图 3-10　区域写字楼年度供应及空置率

对中关村区域甲级和乙级写字楼市场的租金进行分析，区域内供应不足而需求活跃，租金保持稳定增长的态势（图 3-11）。中关村写字楼供应紧张，需求旺盛，近年租金稳定上涨，2008—2022 年租金增长达到 175 元 /m²/ 月。2010 年之后，IT 及高科技公司迅速发展，对办公环境要求日益提高，加之区域内供应有限，直接推动租金水平快速增长。中关村主要的写字楼业主选择在 2018 年初提高租金报价，使得 2018 年二季度甲级写字楼租金较 2017 年末上涨 13.8%，至人民币 342.7 元 /m²/ 月。

由中关村区域乙级写字楼市场租金分析可知，2018 年，中关村区域乙级写字楼平均租金为人民币 225.3 元 /m²/ 月。受制于项目自身品质以及租户的租金承受水平，近 3 年中关村乙级项目租金增速相对缓慢，与甲级项目的租金差距愈发明显。

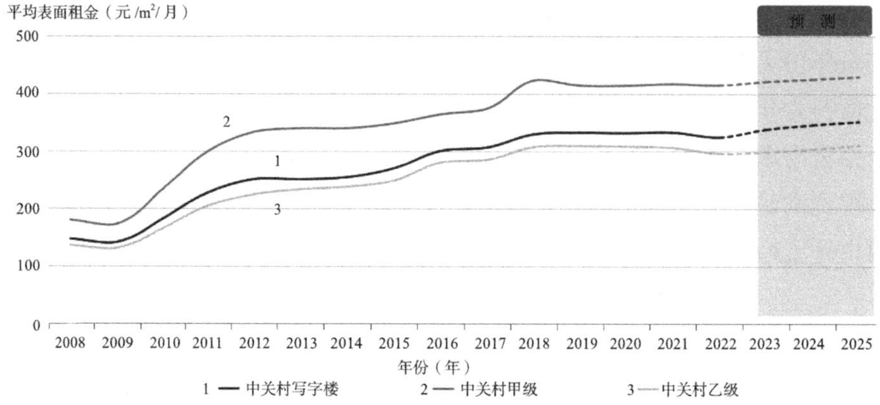

图 3-11　中关村写字楼租金走势

2. 中关村写字楼市场潜在租赁需求分析

在 2018 年 7 月，通过访谈及调查问卷的形式，了解中关村区域写字楼租户的需求特点。此次共访问 8 家企业，其中上市公司占比 13%；私营企业占比 75%。租户类型以 IT 及应用服务业为主，占比 63%，为中关村写字楼市场的研究提供数据支撑。就最新数据而言，2023 年第一季度中关村写字楼新租需求如图 3-12 所示。

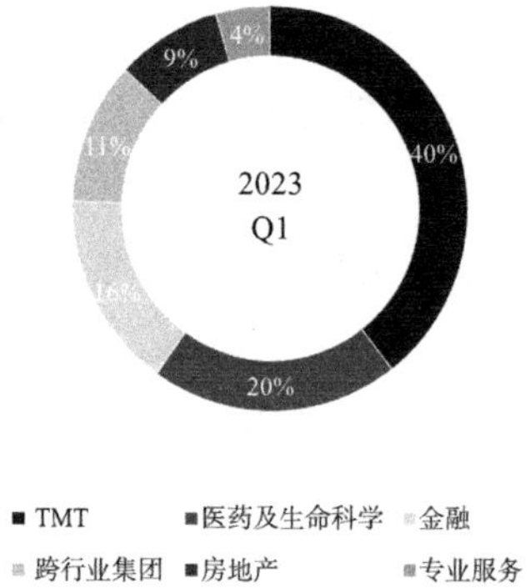

图 3-12　2023 年第一季度新租需求分析——按租户行业

对于企业来说，企业搬迁是很常见的现象。扩租是受访企业搬迁最主要的原因，占比 35%。由于中关村写字楼供应有限，写字楼升级、扩租需求较为强烈。另外，中关村企业外迁的重要影响因素还包括扩租及提升楼宇形象等因素，如图 3-13 所示。

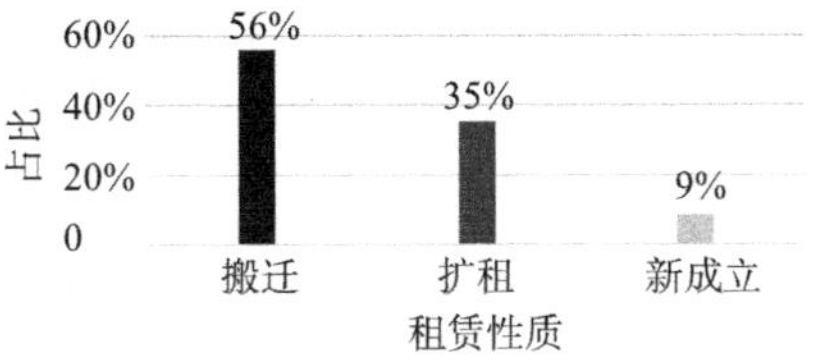

图 3-13　2023 年第一季度新租需求分析—按租赁性质

通过调查得知，在租赁面积方面，大面积单位稀缺是中关村企业外迁的重要影响因素。92% 的企业为大面积租赁，租赁面积在 1000m^2 以上（图 3-14）。

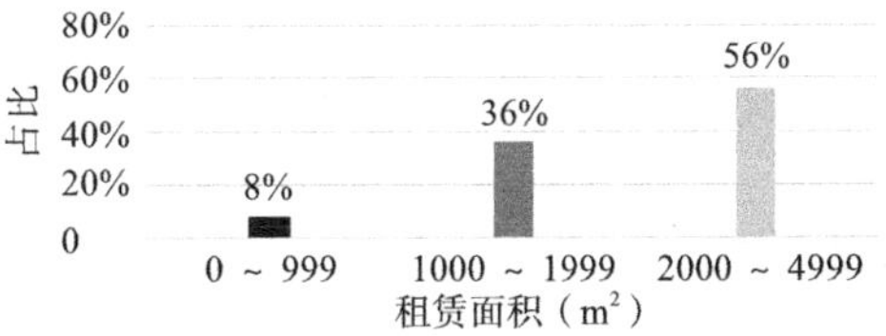

图 3-14　2023 年第一季度新租需求分析——按租赁面积

通过 2018 年问卷调查，在入驻意向方面，由于中关村区域写字楼供应有限，可供租赁面积较少，87% 的受访企业暂时无搬迁需求（图 3-15）。受访企业看好中关村整体环境，更倾向于留在区域内发展，如未来在甲级项目内有空置面积，会作为首要选项考虑（图 3-16）。总的来说，客户看好区域发展，中关村区域入驻意愿较强。

另外，38% 的受访企业接受的中关村区域写字楼租金在 350 元 /m^2/ 月以上（图 3-17）。50% 的受访企业选择租赁时间在 3 年以内，33% 的受访企业会长时间租赁更偏好 5 年以上租期（图 3-18）。还得知了大面积承租更受欢迎，75% 的受访企业需求租赁面积在 2000m^2 以上（图 3-19）。

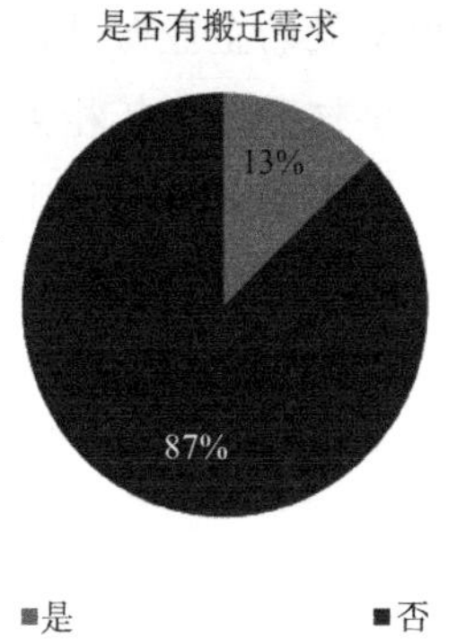

图 3-15　企业搬迁需求情况

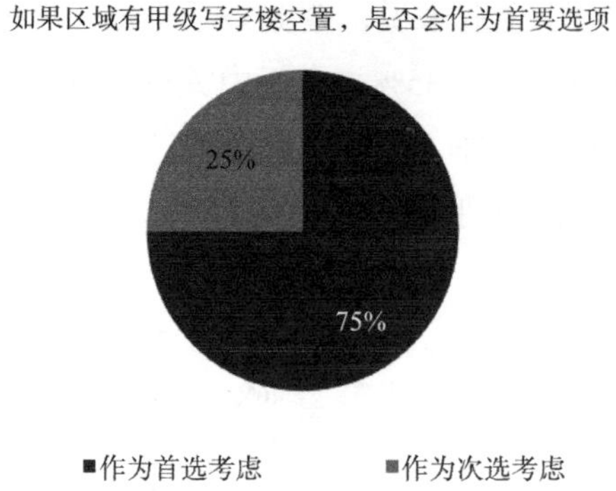

图 3-16　甲级写字楼需求情况

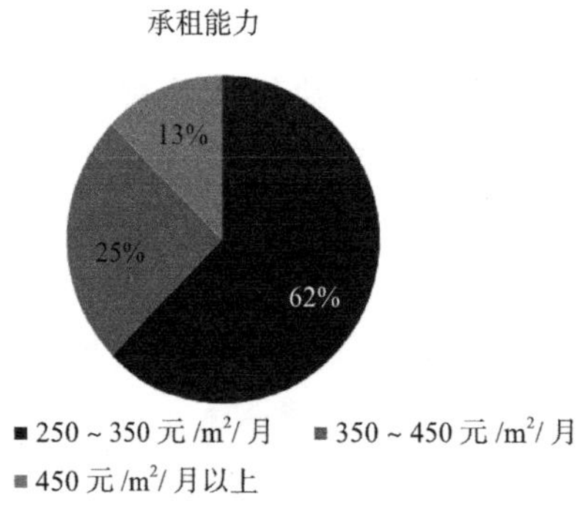

图 3-17　企业承租能力情况

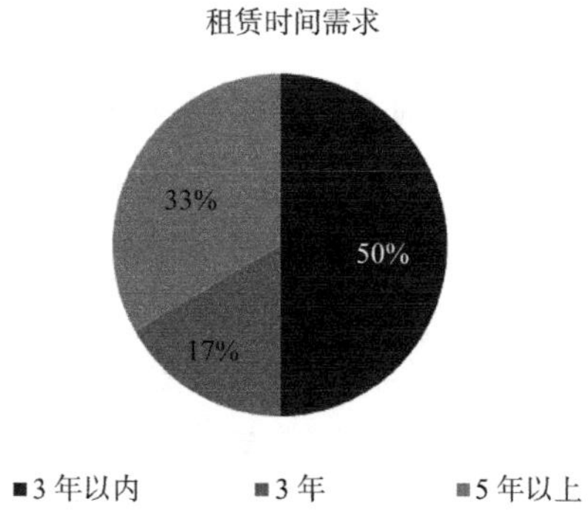

图 3-18　企业租赁时间需求

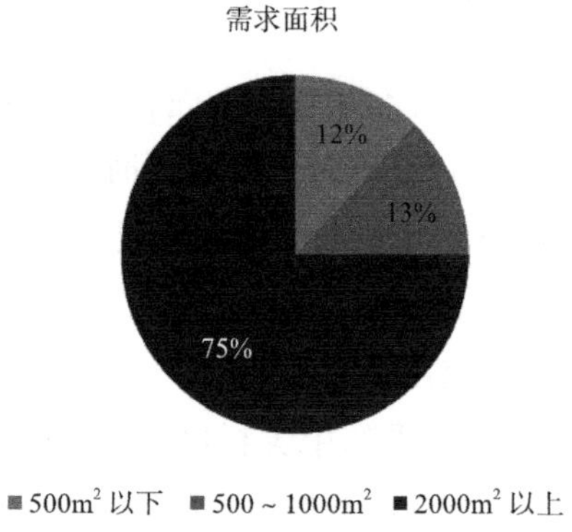

图 3-19　企业需求面积情况

在区域方面，可知办公租赁需求活跃。IT、互联网等产业集聚，加剧了对区域的办公需求，且企业由于升级、扩张，对于大面积租赁的需求更为强烈，部分大型互联网公司的需求量均超过 10000m²。若未来中关村区域出现新项目，可有效弥补需求缺口，实现快速去化。由于供需不平衡，使得议价权向业主方倾斜，租户需要承受相对较高的租金。另外，产业集聚、税收政策优惠、交通便捷是受访租户认为中关村发展的三个重要影响因素。

对中关村写字楼市场的需求进行预测可知（图 3-20）：

（1）预计未来 4 年，中关村区域供应量逐渐降低，出现供不应求的情况。

（2）中关村写字楼成交以吸纳现有存量为主，预测空置率较低，部分企业的扩租需求难以满足。

（3）未来吸纳逐渐升高，主要是由于空置面积不足，与潜在需求存在较大缺口。

（4）2023 年市场供给仍处于供给高峰阶段，租户将拥有较多的选择性和议价空间。搬迁、整合、扩租、续租或调整办公空间的租户，可抓住窗口期，以锁定理想项目和稳定长期租约，提升员工满意度及控制现在 / 未来办公成本。

图 3-20　中关村写字楼市场需求预测情况

3.4　鼎好项目业态定位分析

针对中关村写字楼租户需求，用问卷调查的形式，对中关村的服务类租户和科技类租户进行调查。其中科技企业占比 63%，科技服务类企业占比 37%。问卷内容见本书附录。

在企业发展方面，征集企业发展的痛点，科技类租户最多的选择为“与潜在客户的接触点不多”，占比为 46.27%，另外“人才难找”“与同行、其他科技企业和政府的交流不够充分”“资金筹集难”“知识产权保护困难”“与金融创投机构的接触点不多”等也是很重要的因素。而服务类租户认为“与潜在客户的接触点不够多”是最主要的原因，占比 50%。科技类企业认为更有利于企业生存发展的资源依次为上下游配合企业、政府资源、竞争对手信息、国内国际发展趋势、财税法、投融资。有利于企业信息获取的渠道依次为企业间交流、企业产品展示、技术团队交流、行业会议、行业展览、行业培训。服务类企业认为更有利于公司业务发展的资源依次为政府服务资源、法务/会计服务资源、合作伙伴或竞争对手、投融资金窗口和国内与国际技术发展趋势。有利于企业信息获取的渠道依次为企业间交流、行业培训、行业会议、技术团队交流、企业产品展示和行业技术展览。

在企业周边诉求方面，科技类租户最希望做邻居的企业类型依次是科技服务类、金融类、投资类、法律类、孵化器、证券类。对于上班地点的关注度依次为交通、地理位置、楼宇品质、配套设施和物业管理。服务类租户最希望做邻居的企业类型依次是金融类、投资类、科技服务类、法律类、证券类和孵化器。对于上班地点的关注度依次为交通、地理位置、物业管理、楼宇品质和配套设施。

在办公大楼方面，其中 2/3 企业对大楼的绿色认证有倾向。在科技类租户中，94% 的企业有对门闸、门禁和保安的要求。企业对大楼里各项硬件设施需求依次为 24h 冷却水、空气净化系统、备用电源。对于写字楼的运动设施需求依次为：游泳池、大型健身房、楼内健身步道、工作室、瑜伽室和攀岩。科技企业对行政电梯、行政卫生间和网络地板的需求并不高，更关注写字楼智能化，顺序依次为闸机和电梯、卫生间、会议、停车场、空调、快递。企业对商业配套需求依次为：员工食堂、咖啡厅、服务式办公室。各项配套的关注度依次为餐饮、健身、科技展厅、发布厅、俱乐部、共享会议室、电竞中心、电影院、联合办公、胶囊旅馆。喜欢的办公风格依次为：科技感、交互空间丰富、商业氛围、艺术氛围。高科技感写字楼体现依次为办公空间、智能楼宇、体验科技、停车场、建筑外观。在服务类租户中，关注的配套依次为餐饮、运动健身、创新俱乐部、共享会议室、电影院、新产品发布厅、联合办公、科技产品体验展厅和电子竞技中心。喜欢的餐饮配套依次为：健康餐、员工餐厅和小吃城。对写字楼运动设施的要求依次为：工作室、瑜伽室、大型健身房、楼宇内健身步道、游泳池和攀岩。更希望写字楼实现的智能化应用依次为：会议、闸机和电梯、卫生间、停车场、空调和快递。喜欢的办公风格依次为：商业氛围、交互空间丰富、科技感、艺术气息。高科技感写字楼体现依次为智能楼宇、办公空间、建筑外观、体验科技、停车场。

在楼层需求方面，科技类企业中 77.61% 的人对于 5m 的层高有需求，科技类企业则为 55%。

在中关村区域方面，科技类企业认为最具吸引力的方面依次为人才和科技氛围、地理位置、高校和实验室资源、交通。服务类企业也持相同观点。

根据调查及其分析，该项目致力于将鼎好大厦打造为国际顶级智慧楼宇、全球科技创新高地、北京中关村新标杆、中国科技创新策源地、全球创新网络关键枢纽、中国创新高地、世界创新中心。其定位不仅只是一栋办公楼，而是一个为全球和本土公司建立的科技创新生态平台，它用科技的力量去改变世界，在中国为全球服务。

3.5　制定更新目标

1. 更新项目形象

鼎好起初为电子大卖场，在国家对科技的重视、北京市作为科技创新中心和中关村地区有大量科研院所及高校的影响因素下，鼎好大厦逐步转型成为甲级写字楼。其以玻璃幕墙、空间创新规划、智能系统、绿化、品质运营，营造“开发、科技、资产、创新”的新形象。

2. 升级项目业态

鼎好大厦将作为国际品质的科创商务综合体、中关村科学城新地标。打造中关村核心区地标建筑，对标 CBD 国贸办公楼品质。它以科技创新为内核，集研发办公、展览展示、商业服务于一体；同时包含超甲级写字楼、联合办公、展览中心、科创沙龙、高端餐饮、生活服务等配套设施。还聚焦于科技创新及服务企业，提供研发办公、展示、交流、商业服务等功能，成为国际国内顶级科创企业进驻中关村大街的首选，满足商务人士工作、生活、社交、娱乐的全方位需求。

3. 提升项目空间和品质

通过东北侧绿地广场及屋顶跑道的设计，嵌入城市开放空间，切实提升城市公共空间品质与友善性，达成建筑内外部空间与周边公共空间的完美融合。

本章参考文献

[1] 向南，张磊，陈红华 . 数字化情境下实体生鲜零售业态转型机理——基于物美集团的案例研究 [J]. 北京工商大学学报（社会科学版），2022，37（03）：35-47.

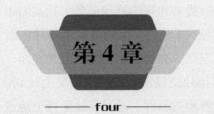

第4章

four

建筑群更新的设计策略

为达成北京中关村新标杆和全球科技创新高地的愿景，鼎好项目设计应从“一聚四核”的核心理念出发，形成多维度的动态城市空间网络。在设计过程中，通过TOD模式的城市更新手法，重新构建从地铁站通往中关村的中心区域，以提升区域整体活力。改造后的A座从外轮廓线向内部设定了适合办公楼的进深尺度，中间剩余部分设置成采光中庭。采用了样板先行的方法进行外立面重塑，以提升建筑的外观形象，达成城市更新的地标。在2层设置空中共享大堂连接A、B座，为创新人员搭建创新交互平台。通过整合屋顶机房来优化屋顶空间，在建筑屋顶设置屋顶花园、步道和桌面椅子，能够为创新人员提供休闲社交场所。在机电系统上计划完成全面改造和升级，以达成低能耗、智慧管理的目标。通过无缝串接的地铁层多样化地块，打造共享开放的地下混合活力街区。另外，鼎好项目还通过了LEED&WELL双重认证和二星绿色建筑认证。

4.1 设计理念

建筑群更新的设计方案首先要遵循建筑设计规范，考虑原建筑方案的不足并在此基础上结合建筑自身特点进行升级和改善。

由于既有建筑改造的特点，与新建建筑有很大不同，在改造过程中，因历史发展阶段原因，受现状各种客观条件的限制，各种新旧规范的更新、技术水平和技术标准的更替等，均给既有建筑改造带来了很大的困难。鼎好项目A座既有建筑改造面临的主要问题之一就是规范适用问题。由于原建筑建成时间较早，当初遵循的规范往往不能满足改造时期新规范的要求，尤其是消防规范和结构规范。

关于消防，其新旧规范以及商业办公业态的调整带来了疏散宽度要求方面的变化，对相邻防火分区可借用的疏散宽度的限制、对安全出口个数要求的变化、对消防电梯要求的变化等都对改造设计方案带来巨大的困难。2021年年初出台的《北京市既有建筑改造工程消防设计指南（试行）》在一定程度上解决了部分问题，但依然较难执行。比如原地下商业在不改变业态仍保持为商业的前提下，由于功能布局发生调整改变原防火分区，如根据指南或者按消防新规执行，需要增加较多的疏散楼梯，改造难度很大。鼎好A座原地下商业按照新规增加了较多疏散楼梯，满足了新规范的要求，局部却是较难改造，因此取消了局部疏散楼梯。而随着与审图公司的深入沟通，B 座地下商业装修改造可以对原建筑消防疏散条件进行评估，按现状疏散条件限流控制，在满足业态的需求下减少消防疏散楼梯增加而导致结构改变。

关于结构改造规范，既有建筑结构改造对后续使用年限以及规范的选取的要求需要根据鉴定报告确定，有时候的确较难判定，鼎好项目 A 座根据结构分析计算以及专家会评定最有效最经济最合理的加固改造方式，并能满足可依据的规范及安全要求。

在满足消防需求和结构改造规范的前提下，对原建筑的设计存在的不足进行罗列和评估：

（1）原建筑规模不突破是改造方案的前提。原建筑的规划面积、产权面积以及建筑面积经常口径不一致，改造时要求以产权面积不突破为原则，但是产权面积与建筑实际面积存在差异，以及改造后由于轮廓线的变化和面积测算依据的变化都对改造设计带来影响。比如原建筑首层雨棚下不算产权面积，而改造时却计算面积；外立面改造因为节能需求而增加幕墙厚度使面积增加；因为消防疏散原因增加疏散楼梯等，都对改造设计的面积依据带来一系列不确定性，设计时最终面积指标要综合考虑上述各种因素。

（2）原建筑的规划高度不突破。原建筑总图限高以女儿墙檐口为控高，现规划口径以建筑物最高点控高，而原建筑竣工后，电梯机房顶超出原规划限高，改造时也无法压低高度，设计改造高度控制以现状结构和机房屋面为准，女儿墙和幕墙高度要适度控制。

（3）对老建筑改造之前，施工单位进场应对建筑整体和市政进行一次整体检测和测绘。施工单位进场后应在拆除后按照施工图进行整体的复核，改造项目在整个使用过程中，业主会因为功能的变化进行加固改造从而导致与存档竣工图有差异，施工图是在竣工图基础上完成且与现场有一定的差距。落实好现场与图纸的差异能够减少整个施工过程的弯路。如 A 座设计亮点之一交通核心就没有实现。原因就是原业主对两期之间的剪力墙进行了改造，其他部分已完成施工，此处台阶和大梁使现场无法实现设计初衷。因现场与图纸不符的变更由施工单位负责。因建筑和测绘行业的面积计算存在差异，为今后竣工顺利取得房产证，设计阶段测绘单位应该参与工作。

（4）原建筑轮廓线的调整需匹配规划控制口径。由于原建筑造型以及首层轮廓线无法满足改造建筑的需求，轮廓线的控制以不超过原建筑轮廓投影的最外边缘为原则。

（5）车位指标：由于原建筑的实际车位指标与当初的审批规划指标往往不符，以建筑现状实际停车位指标和新规的停车指标的小值进行控制。

（6）自行车位指标：A 座设计时保证了原车位指标，同时又减少了自行车库的面积，尽可能释放了商业面积，给项目带来了增值空间。

（7）原建筑人防改造方面不涉及。

（8）绿地率：原建筑审批绿地率指标与实际绿地指标不一致，且当初的绿地率计算规则与改造时期不一致，设计景观时根据改造后的需求并不少于现状绿地面积进行控制。

（9）交通流线：既有建筑周边的交通有可能无法满足改造后的功能业态以及改造时期的交通需求，结合改造建筑的功能调整优化交通流线。

（10）建筑消防环线和扑救场地：既有建筑由于实际情况无法满足现有规范的扑救场地需求，且无法改造，设计按保留现状实施。

基于以上对原有建筑的不足的评估和前期调研。改造团队旨在完成相对准确的策划定位。团队对新加坡、东京、大阪、深圳、上海等多个城市的对标项目进行了考察和论证，最终确定地下一层到首层为配套商业业态，首层大堂以上为高科技办公业态，与之配套的银行、会议、商务洽谈、活动、茶歇、室外花园等应有尽有。

但因实际租户的变化我们也做了相应的定位调整，设计完工后，鼎好项目 A 座定位发生调整，取消报告厅，取消扶梯等动线，因此图纸要进行修改及拆改，定位需要先行保证设计阶段有序推进。具体而言，为达成北京中关村新标杆和全球科技创新高地的愿景，应从“一聚四核”的核心理念出发，形成多维度的动态城市空间网络。“四核”即产业核心、交通核心、交流核心和活力核心，最大化地促进多元化的高端智慧建筑群的生成。

打造产业核心的思路为汇聚校企联合，升级运营模式。图 4-1 所示为鼎好项目创新生态体系，科技生态包括创业者、空间、服务、高校和政府等。计划通过产业初创、发展、成熟这一良性循环，使优秀企业联动。产业升级这一稳固的关系链，使得源源不断的优秀企业得以向外拓展，各类高新科技得以向外展示。在产业初创阶段，很多创业者处于优越的地理位置和良好的科技环境集结，由高校人才、行业精英、国内外的传统行业和初创企业构成。大型会展的开展和周边企业的入驻为创业者提供了良好的市场环境。通过一系列的交流分享形成全新的设想和规划，空间是聚集、办公、交流、研发、创新、发布、展示的物理平台。服务包括硬件服务和软性服务。硬件服务是指整栋楼有家的感觉，大家愿意上班，愿意在这里洽谈、加班、休闲和约会，它可以提升公司的形象和定位。软性服务是指中小企业获得陪伴式服务，大企业获得跨界创新服务，通过平台与空间形成企业之间交互，产生化学反应，加速企业发展。高校是产、学、研的基地，是创新源头、人才宝库，是研究所、实验室。高校的创新创业氛围浓厚，有各种创新创业大赛、路演和论坛，可以预判市场前端信息。高校起到人才输送、市场对接的作用。政府起到包括政策支持、政府引导、产业扶持等作用。基于高校输入的优秀人才资源和政府的支持，源源不断的大小企业逐渐聚集，在科技生态空间中交互，逐渐成熟。最终达成科技产业“初创—发展—成熟”科技生态圈。为达成项目愿景提供了丰富的科技创新原动力，成为名副其实的中国科技创新策源地。

图 4-1 鼎好创新生态体系

在优秀企业聚集的基础上，该项目计划打造一个立体交互式平台，将众多创新企业集结，搭建创新企业联盟，B2 层为科技体验街，给创业者带来最新的技术体验，在了解科技前沿讯息的同时开阔视野，旨在为技术人员提供高新技术资源。2层设定为互动交流层，为创业人员提供开放式的交流平台，在这里，一些尖端技术和想法通过此平台共享，形成良好的交流环境和氛围。屋顶层为休闲社交层，旨在为创业者创造舒适的自然环境，创业者能够在一个轻松愉快的氛围内工作，最大化保障了工作幸福感和效率。

除了良好的科创环境，该项目计划通过交通网络的连接来激活地下动线。为了更好地服务创业人员，该项目计划打造“交通核心”来保障和方便工作环境，以北四环、地铁廊道及24h环廊为交通资源带动中关村核心区地上和地下交通优化发展。通过连接紧密的交通网络和地下动线，发挥城市交通节点职能，结合科技产业运营形成城市核心。

从整体的角度看，该设计方案以四个区域为主要规划区域，旨在实现开放化和智慧化建筑群的理念。办公广场入口的位置选取在北四环西路与中关村大街交界处的北侧，作为对四环路的形象入口。在其南侧搭建创新绿地，通过城市绿地景观的覆盖，吸引大学人才，引入大学人才的创新公园。在办公广场和创新绿地的西侧设置创新广场，不仅营造了丰富的创新环境，并且和西北侧的开放城市广场连接，打造具有商业氛围的特色街路空间。与商业连接的开放城市广场面向中关村中心，处于连接地铁和城市中心的核心区域，最大化的提升区域的开放性水平。

4.2 设计策略

4.2.1 TOD模式打造城市核心

TOD模式是“以公共交通为导向”的开发模式。这个概念由新城市主义代表人物彼得·卡尔索尔普提出，是为了解决第二次世界大战后美国城市的无限制蔓延而采取的一种以公共交通为中枢、综合发展的步行化城区。其中公共交通主要是地铁、轻轨等轨道交通及巴士干线，然后以公交站点为中心、以400～800m（5～10min步行路程）为半径建立集工作、商业、文化、教育、居住等为一体的城区。以实现各个城市组团紧凑型开发的有机协调模式。TOD模式是国际上具有代表性的城市社区开发模式，同时，也是新城市主义最具代表性的模式之一。

由于鼎好从电子大卖场变为甲级写字楼，位于这里的人们对公共交通的需求也会发生变化，同时为提升中关村区域的整体活力，该项目计划从建筑内部打造交通活力中心，通过 TOD 模式的城市更新手法，重新构建从地铁站通往中关村的中心区域。通过纵向交通形式将两座办公大楼的首层科技大堂、地下科技大街、24h 通廊和地铁连接，形成与地铁直接接驳的纵向交通集合空间，从而极大地提升了地铁乘客的便捷度和舒适度。

设计通过 TOD 模式的城市更新手法，重新构筑从地铁站通往中关村的中心区域，力求提升中关村的整体活力。利用地下 2 层的人行通道，重新梳理从车站通往街区的人流动线。在作为起点的车站一侧，将大厦东北侧相邻的地上城市公园改为下沉广场，与地下 2 层衔接（图 4-2）。而在大厦的另一侧，最南端的终点设置新的下沉广场，在地下 1 层设置可与街区顺畅连接。而且此处的下沉广场能为地下 1 层的疏散带来有利条件。

图 4-2 改造后鼎好大厦东北侧下沉广场

设计考虑与地铁直接接驳，可以顺利到达纵向交通集合空间。实现地铁、24h 通廊与地下科技大街、首层科技大堂的有机互动，极大地提高了地铁乘客流客的便捷度和舒适性。

4.2.2 设置内部采光中庭

为了提升生态办公品质，打造良好的办公环境，计划对原 A 座平面进行改造，原电子卖场是一个进深约 60m 的封闭式多边形平面形状建筑，作为办公楼进深过大，是一个不易使用、充满压抑感的空间形体。挑高大堂及超高采光中庭的设计及新规范合规性给结构设计带来挑战，设计上尽可能选择不调整侧向支撑体系，保证整体改造加固量少，并且保证结构不超限。局部开设中庭拆除结构梁柱楼板、局部影响室内办公空间的结构墙体拆除，避免结构整体加固带来工期和成本的影响。改造项目中结构悬挑构件需慎用，建筑方案中外立面轮廓调整需悬挑梁板时，通过分析之后尽可能减少使用。位于中庭 9 层、10 层的悬挑会议室当初的结构方案是采用拉杆，但未考虑施工的便利性以及现场未进行结构深化图纸确认即施工拆改，对项目进度有一定的影响。如新增扶梯处需拆除楼板时，未与扶梯的技术条件完全匹配，导致现场结构施工后进行增补。由于原竣工图与现状条件不一致，导致现场局部疏散楼梯根据图纸施工时碰头，带来对应的结构拆除。由此总结，凡是现场结构调整部位，施工前均应核实现状结构和图纸的梳理对比。

改造后的 A 座从外轮廓线向内部设定了适合办公楼的进深尺度，中间剩余部分为了设置成采光中庭，将中央部分的结构拆除，形成自然采光和自然通风风道。B 座采用两个小型采光中庭，通过设置内部采光中庭（图 4-3），为员工提供舒适自然的生态空间，激活更多的活力，从而打造复合多元的办公环境，提升建筑品质。

图 4-3 中庭现场照片

A 座 50 多米采光中庭六个中低区电梯一字排开，其中三部观光梯从 1 层到 11 层上上下下，使中厅灵动有生气（图 4-4）。结合采光中庭的设置，以及分析现状电梯筒的分布，最终形成最优的电梯布置平面，中庭内设置三部中区观光电梯、三部低区电梯，并为了优化风水上的锐角，设置了角部观赏平台。因派梯系统在进入大堂闸机时有一定的效率提高，但考虑中午和下班时大人流派梯尾随很难控制安全性，经过多方案比较，根据客户定位明确大厦的使用人数，通过电梯顾问的核算，尽可能提升鼎好大厦 A 座的候梯时间。

图 4-4　电梯效果图

4.2.3　外立面重塑

为提升建筑的外观形象，达成城市更新的地标，该项目计划对建筑外立面整体进行重塑（图 4-5）。为了体现独特的科技感，外立面以由不同元素构成的“镶嵌工艺”为主题，通过对不同“表情”的两种同类素材（玻璃）进行镶嵌处理，赋予了外装紧张感、使命感和奋发感，打造中关村专属的科技未来感。同时在局部区域设置露台或玻璃盒子等第三要素，以玻璃盒子表现内部空间活力，呈现出中关村特色的科技感和动感的外立面。部分裙房采用通风器的手法，更好地融合 A、B 两个不同时期建设的项目能够用一种语言来表达一个综合体的概念。鼎好项目强调立面各处设计的细腻感，最大化带动中关村区域的活力和科技感，不仅在体量上表达建筑特色，同时通过创新交流中内部的活动与空间开放多样性的对外表达，为整体建筑添彩。通过简练精致的素材展现的一体感，造型变化带来的开放性，在立面上表达生态城内部活动的丰富多样性。

图 4-5　幕墙立面效果图

在鼎好这个改造项目中，我们采用了样板先行的方法。样板先行改造项目因改造年代的不同都会存在原结构规范、规则、施工质量、竣工图质量等的问题，因此，我们在建设初期让样板先行。制作两次幕墙样板，分别表达了一层三个幕墙系统。为了落实建筑外立面效果，通过幕墙视觉样板的反复雕琢，确定幕墙的玻璃和主体型材的颜色，以及开启扇的方式，有艺术造型的遮阳形式。幕墙材料上为达到整面铝板型材的平整度，通过 3mm 厚铝单板和 20mm 厚的蜂窝铝板进行对比分析，最终结合成本预算，在最关键的部位采用平整度更好的蜂窝铝板，其他次要部位采用 3mm 厚铝单板。

A 座 14 层做了实体样板，就建筑标高、净高，吊顶形式及灯槽、机电管线合理性，标识，租户门高度，防火门的高度及安装形式，墙、地面石材效果，卫生间墙、地面和隔断墙颜色及门的开启角度要求，洁具、灯的位置等进行了实体呈现，让我们的各专业设计师及同行们进行了总结，经过总结经验、改图等过程给施工提供了很好的借鉴作用，保证了室内效果的呈现。

除了对样板的改造，还对入口大门的样式进行调整。入口大门是写字楼的形象标志。鼎好改造项目的门类多、尺寸多、形式多。因有多处剪力墙结构在同一建筑空间，但门却高高低低，大大小小，不尽相同，很不协调。由于大门受一些条件约束，比如主要入口的大门要求可以进展车、旋转门是坐在地下室上不能采用地埋式电机、其他外门受雨棚高度限制高度提不上去、核心筒的门高度太低不能满足设计效果。这些问题除了受改造工程量的影响也受新规范的影响。如何处理他们的关系，设计管理团队反复研究调整多次，每次的调整都涉及建筑、结构、机电、精装修各个专业。

最终敲定为主入口 3m 高的门，旋转门采用顶电机水晶旋转门，次入口及主要面向客户的大门都是 2.7m，核心筒背客户面保留 2.1m 防火门。电梯门因照顾各层净高选择 2.4m 的门，用装饰拉高视觉效果，这样即保证设计效果也减少了加固改造工程量和成本。

防火门的颜色需要根据背景不同逐个选择落实，墙体如果是白色门也是白色，背景灰色需要灰色。尽量选用 2.1m 高的防火门，只有在走道常开防火门是超高与吊顶同高，首层与石材同模数 2.4m，其他尽量弱化保持 2.1m，这同样也保证了室内效果的呈现。

4.2.4　搭建创新交互平台

本项目计划在 2 层设置空中共享大堂连接 A、B 座，为创新人员搭建创新交互平台。空中共享大堂包括研发成果展示区和技术互动区域，包括科技展廊（作用是展览、展示、展销，它充分利用商业、2 ~ 5 层除办公以外的中心区域、地铁与项目连接部分、健身步道及时光隧道主动线，呈现大企业展销、成长型企业展示、初创企业利用密集人流推广展示的功能，如图 4-6 所示）、艺术展廊、艺术工坊和信息发布区（结合发布厅功能及地下车库部分区域，打造网红打卡空间，例如快闪活动、极客活动、光影及动漫展、各类艺术展、泛娱乐粉丝经济；还包括跨界商业，例如奔驰咖啡、故宫咖啡等），会议中心包括多功能会议区和小组讨论区，最大限度地为创新人员提供多样化的交流空间，例如发布厅和联合办公（自营）区。发布厅可容纳 500 ~ 800 人，具备发布功能，可考虑与午休、书店、观影、展示、共享会议室等空间结合。联合办公在企业初创时作为陪伴服务，它有独立工位的设计；在企业成长时是导师服务，它拥有 1 ~ 20 人房间；在企业辉煌时，它配套创新服务，除必要公共服务空间，其他活动空间可利用楼宇内共享空间，另外还可以植入 X-node 创新服务。解压空间包括瞭望休闲区、茶歇休闲区。通过四个区域向大学生、年轻的企业家提供一个开放的信息互动平台，促进多样性互动交流。

图 4-6　科技展览

4.2.5　设置屋顶花园和跑道

鼎好项目计划通过整合屋顶机房来优化屋顶空间，在建筑屋顶设置屋顶花园、步道和桌面椅子，能够为创新人员提供休闲社交场所，丰富城市职能，提升创新活力（图 4-7）。屋顶花园分布在 B 座 5 层屋顶和 A 座 10 层，它的作用旨在提升办公开放性，创造活力景观空间。健身步道在设计过程中建议与东北部地铁及公共绿地、地下 2 层地铁、内部时光隧道有机连接，建议呈现可露营区域及露天电影区域。屋顶花园和步道的增设能够提升区域贡献力，从而激活城市整体活力。它是项目最有亮点的地方，但也发生了景观设计未考虑到屋顶排烟管道而带来的相关调整。此外，保留的原现场移栽树木，均在施工过程中予以保护，不至于以后调整树木种植。通过建设单位设计管理团队及设计师的主控，苗圃号苗，保证未来景观树木种植符合设计意图。局部微景观包括像首层人防盒子及风井的外饰面、屋顶层的机房等，存在景观与幕墙的设计及施工界面的把控。屋顶花园和跑道也成为中关村项目的一个亮点。

图 4-7　屋顶花园和步道

4.2.6　机电系统升级

鼎好大厦在机电系统上计划完成全面改造和升级，以达成低能耗、智慧管理的目标。从以下七个方面对机电系统机型升级：

1. 节水节电产品的应用

通过更换市场上节水型马桶和智能照明灯具来降低能耗，优化建筑性能。停车场装有监控，它可以展示停车场车位剩余情况，进行历史停车统计。它基于 BIM 模型显示停车场每个车位状态，可通过车位号或车牌号查找并定位到目标位置，点击车位可查看停靠车辆信息。

2. 室内空气品质的提升

通过采用全空气变风量空调系统（VAV）来增强室内空调效果，实现全新风运行。市场对于该系统的认知度较高，能实现对室内空间的灵活控制。空调机组采用亚高效过滤、杀菌设备，对室内的细菌和病菌等有害物质进行监测和处理，保障人员的身体健康安全。为了更好地提升室内空气品质，通过对室内 PM2.5 浓度、CO_2 浓度的监测来控制室内空气质量。另外，将机电模型按照各专业做细致分类，如空调水系统、空调风系统，实现分专业按需加载。空调设备监测可以实时监控空调设备运行情况，模型中可显示空调设备所在空间位置，点击设备查看设备实时运行参数。供配电监测可以实时监测高低压配电房内设备及配电箱运行情况，可查看设备点位分布及详细运行参数。给水排水设备监测可以实时监测水泵房内设备运行情况、集水坑水泵开关状态及点位分布。

3. 综合服务管理

机电系统采用三维数字建模和运维（BIM），实现智慧安防、资产管理、场景化照明、远程环境能耗管理、能耗采集分析和诊断控制等。Iot 架构设计以标准指令集、接入规范和 Iot 安全为基础，通过 API/MQTT/HTTP/WebSocet 等协议的方式实现专业系统的服务接入和设备接入，并聚合到一起实现设备的虚物映射，基于此灵活的设置来实现集中化管理和多场景的适配（图 4-8）。仅仅将设备接入进来还是不够的，这只是第一步，设备间的有效联动和协同才是提升智能化体验的关键。以环境监控为例，除了 Iot 平台的基础能力外，BIM 可以说是为资产运维锦上添花的一项技术，它可以为楼宇资产全周期的运维赋予 3D 可视化的能力。我们的平台使用了广联达国产化的 BIM 引擎，这套引擎不仅支持 PC 端 Web 方式的渲染，同时也支持移动端的渲染，并且响应速度在业界也屈指可数。例如原始文件 8G、构件 60 万个、三角面片数 1 亿个的模型，可以在 20s 内打开。资产运维平台的第一个专项应用是智能安防，它包含了很多场景，例如禁区监测、高低区域摔倒监控、消防通道占用监控、食堂排队人数过多监控、设备老化起火监测、黑名单人员监测以及人群聚集监测和跨屏追踪。资产运维平台的第二个专项应用是资产管理，资产管理模块是面向资产全生命周期的一种线上管理模式，包括前期的资产申请、采购、建档和入库过程，也包含了运维期的保养、维修、大中修和报废过程，同时也包含了资产的调拨、盘点、领用和归还过程的管理。通过线上的资产管理模块，可以实现至少 3 个价值：设备可视化、预见性维护和降低全周期的运营成本。资产运维平台的第三个专项应用是能源管理，这部分由六大核心内容组成：能源表电子档案、抄表管理、收款管理、发票管理、灵活的收费标准设置、能耗分析和 AI 智能优化控制。能耗管理可以用一个闭环来概括，第一步采集，实时采集能源的样本；第二步监控，通过能源检查、监测、控制和报警机制的建立，了解建筑的能耗状况（图 4-9）；第三步分析，通过对预设指标的分析，得出相关的节能报告；第四步改善，通过对先期样本的收集，结合 AI 智能和人脑，对能源进行改进和优化。

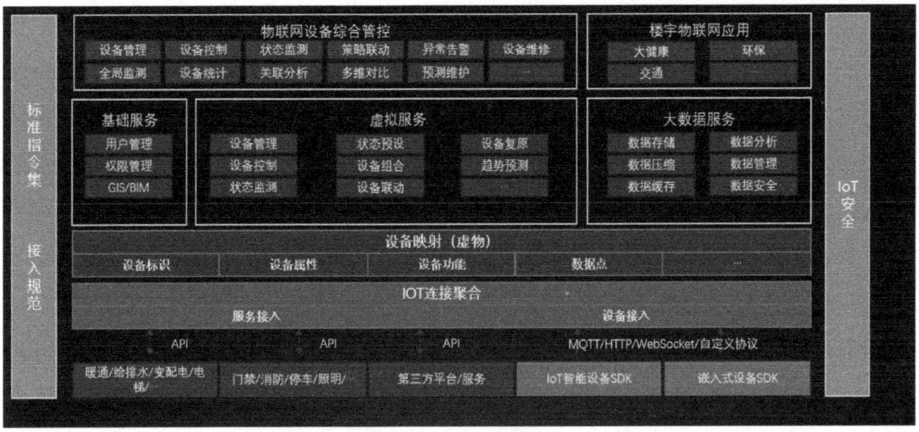

图 4-8　Iot 架构设计

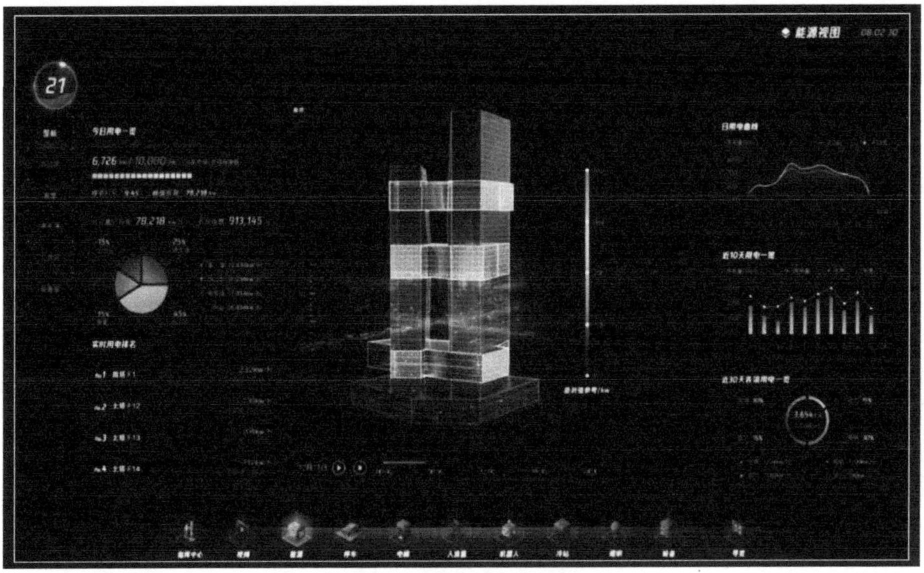

图 4-9　能耗监控示意图

4. 管线和机房的升级

在管井机房全面覆盖 5G 信号，布线的设置采用全光纤到户的方式完成升级。

5. 智能停车

资产运维的第一个延申专项场景是智能停车。在技术层面，通过智能停车平台的建立可以将线下分散的多个停车场管理中心集中到一起进行线上管理，在运营模式上可以支持VIP包月、临时车、储值停车、错峰停车和特殊车辆白名单等场景。站在运营方的角度，线上平台一次性的投入即可满足运营多个车场的需求，同时通过车牌识别等技术大幅度减少人工岗亭的存在，降低运营成本。站在用户的角度，用户可以通过小程序进行无感支付、优惠券消费和电子发票申领，提高用户体验。

6. AI智能技术的应用

资产运维平台的第二个延申场景是一码通和门禁，这个平台为物业管理者、入驻机构和配套商家提供了一整套基于员工身份识别、门禁管理、楼宇消费和无感停车等多场景化的数字化管理服务。以一码通为核心，可以实现多系统间的联动来满足智能办公的需求。通过人脸识别、人流分析等智能技术来为人员提供便利便捷的工作环境，通过能耗分析技术来实时观测能耗水平，加快节能步伐。

7. 智慧管理集成平台的搭建

鼎好大厦作为全球创新网络关键枢纽、中国科技创新策源地和北京中关村标杆，科技赋能作为抓手，在智慧化和低碳化的背景下，提出智慧园区建设。由于传统IBMS是烟囱式垂直建设，整合困难、结构复杂、系统难以升级拓展，无法支撑智慧楼宇建设，所以建议采用华为智慧园区解决方案进行鼎好项目园区智慧化建设。方案采用华为Hicampus Cube解决方案作为主体架构，融合华为FusionSolar分布式智能光伏解决方案和AirEngine Wi-Fi 6无线网解决方案，进行鼎好项目智慧园区建设（图4-10）。它是一个成熟、灵活、先进的方案，应用于许多产业园区、场馆、社区、综合体以及企业园区。

鼎好大厦A座的机电、弱电、智能化等智慧园区强弱电相关子系统建安已完成，业务需求具体且明确。在智慧园区建设过程中，前期未对智慧园区进行总体规划，且A座建筑子系统原设计为IBMS管理系统。在此建设模式下，只有采用总体规划、分期实施的措施，才能够达成A、B两座经营运维、服务体验的一致性，建造理想的智慧园区。

智慧园区建设分为两期，第一期是A座呈现，第二期为A、B两座呈现。一期建设按照鼎好项目A座当前机电、弱电、智能化设施设备实际情况，将预集成应用与鼎好A座进行连接和适配，实现对A座的智慧化基础管理和服务。同时建议一期增加有线网和无线网全覆盖建设，以提升数字办公、联合办公体验以及物联网接入能力。一期建设主要在智能运营中心（IOC）、综合安防、访客服务、门禁服务、设施管理和能效管理中实现应用。二期建设主要包括在 A 座底层基础建筑子系统强化的基础上，按照总体规划和方案规划，完成原 A 座系统的扩容、扩能和创新应用的开发与部署。其中创新应用是根据项目实际业务需求，经过总体规划后，以满足 6 大业务主题智慧化目标。二期建设完成后，可以设置鼎好智慧业务智慧园区运营、服务、展示中心；采用全面的数字孪生服务，承载业务与服务，如驾驶舱和实时运行监控；运用 MR、VR 技术，为项目营销提供助力；采用数字化全流程运维，提升效率、降低人力资源要求；可以跨系统联动，达成舒适与低碳的平衡；联合智慧办公，全资源共享，快速入驻、快速业务启动。二期完成后的总体目标是打造以人为本、绿色高效、业务增值、形象高新的商办空间。

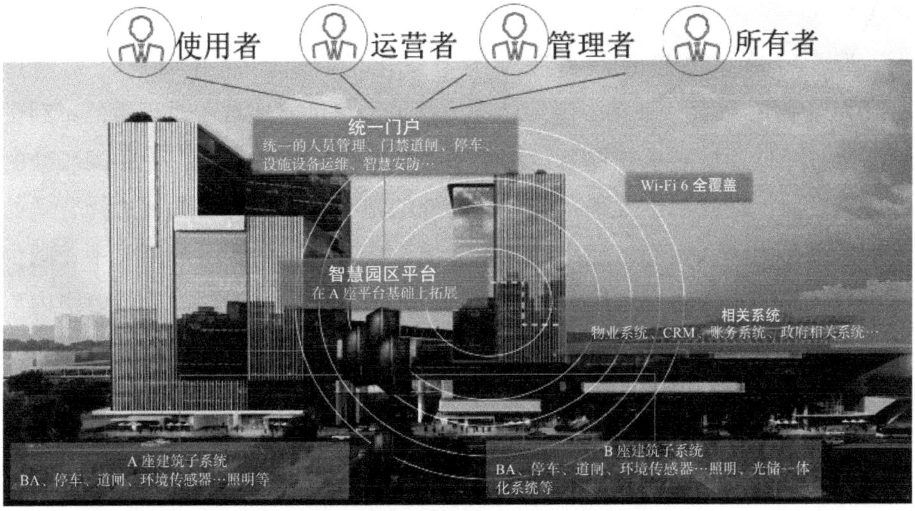

图 4-10 鼎好项目智慧园区部署示意图

4.2.7 绿色建筑

判定一个建筑是否为绿色建筑，需要考虑水系统节能、雨水收集利用、可再生资源收集利用、自然通风利用、节地系统、建筑材料节约利用、人工湿地系统、墙体节能系统和门窗节能系统等。绿色建筑评估系统有很多，例如BREEAM是英国建筑研究院环境评估方法，被称为英国建筑研究院绿色建筑评估体系。始创于1990年的BREEAM是世界上第一个，也是全球最广泛使用的绿色建筑评估方法之一，被誉为绿色建筑界的奥斯卡。LEED也是一个评价绿色建筑的工具，由美国绿色建筑协会建立并于2003年开始推行，在美国部分州和一些国家已被列为法定强制标准。其宗旨是在设计中有效地减少环境和住户的负面影响。其目的是规范一个完整、准确的绿色建筑概念，防止建筑的滥绿色化。另外，还有WELL认证，它立足于医学研究机构，探索建筑与其居住者的健康和福祉之间的关系，让业主和雇主了解到他们的建筑空间设计有利于提高健康和福祉，并且如他们所预期的那样在运行。WELL认证重视建筑特性对人体健康和舒适度的影响，考虑从优化空气、水品质的角度为人员提供健康保障，通过运动空间的布置、活动社区的建立来增加人员的幸福感，减少工作压力。通过对热舒适和声环境的把控来提升人员的精神福祉。整体上注重建筑环境中人的健康和福祉，为人员提供宜居的建筑环境。

为了打造绿色建筑，实现建筑生态化的目标，鼎好项目计划通过LEED&WELL双重认证和二星绿色建筑认证，尽可能地减少对环境的不利影响，通过降低运输需求和提高运输效率来选取最理想的位置。为保障场址的可持续发展，提升用水效率，减少室内外的用水量，同时恰当地选择合适的节水器具。为降低能耗，使用可再生能源。在对材料和资源的利用中，减少建筑材料的使用，使用环境友好型材料，注重废弃物的管理。为改善室内环境质量，计划消减空气污染物和注重室内空气质量的管理。

在保证绿建二星的基础上，优化提升建筑节能。外围护结构减小了传热系数，降低了综合太阳得热系数，提升了综合热工性能使其标准达到绿建三星标准。塔楼屋面采用光伏能源，机房引进第三方做了高效机房并采用了磁悬浮冷机等措施大大提高了我们的整体节能标准，真正成为绿色节能建筑。

4.2.8 加强外部空间与周边环境融合

为加强外部空间与周边环境的融合，创建城市核心区城市更新标杆，计划对项目内部功能空间与项目周边城市公共空间统一提升。通过开拓1.2km的地下片区主动线，将约50万m^2的商务及商业功能的地下开放街区连接起来，强化地铁站间地下开放步行网络，使得中关村站和海淀黄庄站两个地铁站充分连接。通过无缝串接的地铁层多样化地块，打造共享开放的地下混合活力街区。地下街区作为商业业态，供大众消费。如图 4-11 所示，A 座地下设置网红体验店，利于项目传播。A 座 B1 层有配套餐饮，为目的性消费。B2 层于项目四周设计可便捷进出的通道。另外，还设计了沿地铁动线做科技商品体验展示空间，让更多的人了解新科技。它可以激活绿地广场空间，引导地上地下人流有序互动，塑造复合开放的品质街区，打造绿地互动广场。

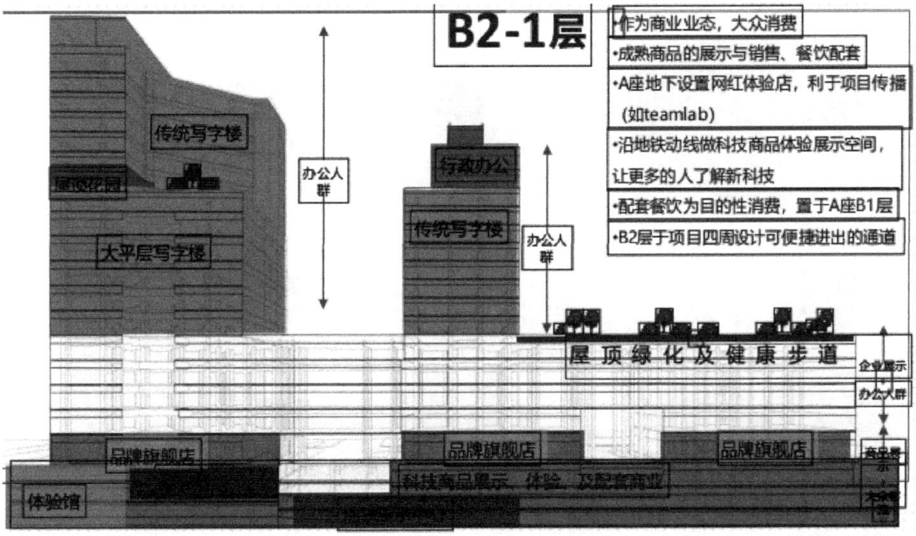

图 4-11　B2 ~ 1 层定位呈现

4.2.9　建筑开放性

为增强建筑的开放性，计划对 A、B 座大楼进行升级改造，在 A 座对大堂、中庭、地下空间进行升级改造，对大堂两层挑高，增加开放性，与北侧四环及大学城形成良好互动（图 4-12）。大堂设置在 5 层，通过闸机进入 6 层 +。在各楼层中设置主要商业动线，贯穿各企业展示功能，办公区置于展示区后。在 A 座中庭处通过内部竖向商业交通核与地下 2 层地铁通道及 24h 通廊无缝衔接。对 A、B 座地下空间进行改造升级，将科技商业大街与地下广场、地铁通道和 24h 环廊直接连通，形成空间交互，汇聚人气。人流自地下商业起，经过 2 层到 5 层展示区，最终导入 B 座屋顶花园健康步道，增加楼宇内部交互。在B座对首层、2层大堂和生态中庭进行改造，释放首层空间，打造半开敞式科技商业业态环境，与城市空间和周边环境形成更好的互动和融合。将2层大堂定位为2层共享大堂，形成与城市、花园、发布厅等共同交互空间，提升与外部空间的互动性。与2层共享大堂联通并通高至五层设置生态中庭，提供良好的采光通风交流空间。

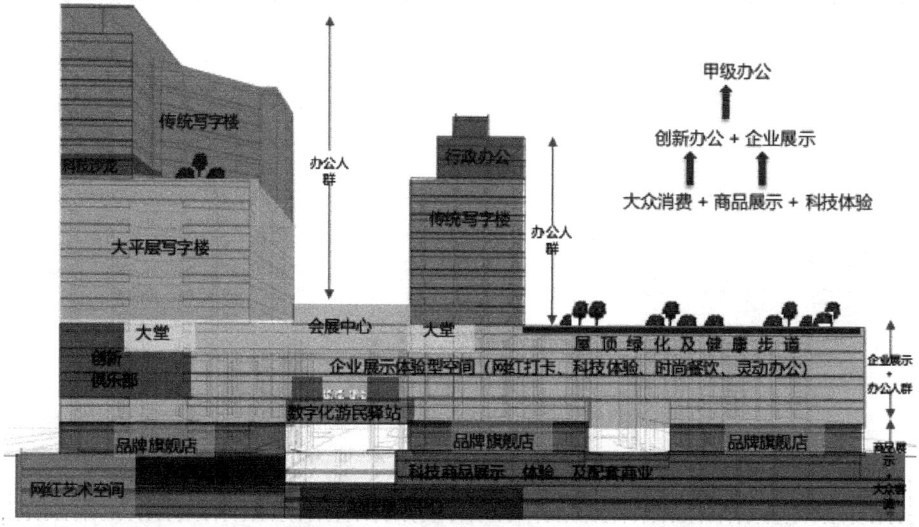

图 4-12　2 ~ 5 层定位呈现

4.3　设计亮点综述

该项目旨在通过一系列的设计策略来完成对建筑群的更新和升级，在建筑内部通过设置内部采光中庭、屋顶花园和跑道来体现绿色建筑的理念（图 4-13）。为严格把控建筑绿色发展质量，申报并达成 LEED&WELL 金级认证和绿色建筑二星认证，形成了良好的科技绿色生态系统。通过搭建创新交互平台和升级机电系统来提升内部品质，形成高端智慧办公环境。为了更好地方便人员的通勤，加强建筑群和外部环境一体化，通过 TOD 模式的城市更新手法，重新构建从地铁站通往中关村的中心区域，力求提升中关村区域的整体活力。建造下沉广场和 24h 地下环廊，将两个地铁站无缝衔接，使得建筑群和外部环境一体化。注重共享空间的建立，通过设置多元化共享大堂来完成场所共享信息的交互。对建筑外观全面升级，建筑尺度不变，进行立面更新，升级夜景照明系统，以达成北京中关村新标杆和全球科技创新高地的愿景。

图 4-13　屋顶花园展示图

另外，该项目已获得的奖项有株式会社日建设计：mipim asia award 以及北京维拓时代建筑设计股份有限公司：精瑞人居建筑设计奖。鼎好项目的改造设计非常有自身的亮点，可以给其他城市更新项目的改造作为参考依据。

第5章

five

建筑群更新的建造工艺

城市化建设的不断推进，使建筑领域迎来了新的发展契机，也面临着较大的挑战。现阶段，利用建筑工程施工技术对施工质量和效率进行不断提升，成为建筑工程领域需要解决的难题，需要在应用和创新建筑工程施工技术的基础上，提升建筑工程本身的质量、经济效益和价值。

由于建筑所处的是城市核心区复杂环境工况下高层建筑的更新改造施工，对于所完成的工程进行多方面修改，对各个环节的重难点进行分析与探讨。为了突破重难点，项目采取了创新性的技术工艺。

施工建造采用了多项改造工程创新技术，如高层建筑改造工程屋面塔式起重机安拆施工技术、复杂幕墙体系拆除施工技术、超长悬挑飞檐拆除施工技术、大跨度框架结构中庭拆除施工技术、悬空吊柱加固施工技术、复杂单元体幕墙体系挂装施工技术、更新改造绿色施工及 BIM 应用等关键施工技术，成功解决了城市核心区复杂环境工况下高层建筑更新改造施工组织复杂、垂直运输难、安全防护风险大等难题。以下 8 项技术均达到国际先进水平。

5.1 智慧建造

基于鼎好大厦在施工改造过程中面临的工期紧张、业态繁多、拆除量大等重难点问题，本项目提出智慧建造的解决方案。

5.1.1 解决方案

为满足快速分析原图纸与现状不同之处的需求并解决图纸缺失、竣工图与现状不符等问题，本项目采用三维扫描仪，快速获取高精度的点云模型（图 5-1），其流程为现场勘察→现场采集→点云处理→获取点云模型，将点云模型与初版 Revit 模型（图 5-2）整合，以三维扫描获取的点云模型为依据，对竣工图 BIM 模型进行复核。通过对比分析，快速找出图模不一致处，复核更新现状模型，最后形成文件并与业主和设计沟通图纸事宜。

将现状数据与机电管线设计数据整合进行三维虚拟安装，即可提前检测机电各专业安装时是否与现有结构存在碰撞问题。为此，本项目将三维扫描获得的点云文件导入 recap 中，在软件中即可对建筑进行测量，极大地提高了实测实量的效率，根据数据校核建筑现状 BIM 模型（图 5-3）的同时，给现场施工提供精确的数据支持。本工程为改造项目，施工情况较为复杂，技术梳理工作繁琐复杂，借助 BIM 模型对现场进行排查，核对竣工图和现场的差异，将现状情况与图纸差异反馈到图纸上，整理汇总近 300 条图纸问题，将发现的问题反馈给设计院，辅助业主和设计单位解决图纸问题，助力改造更新提速。

图 5-1　点云模型

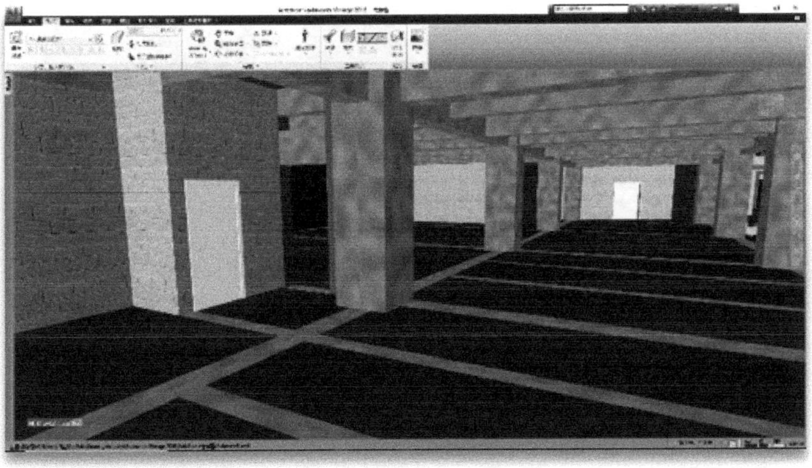

图 5-2　Revit 竣工图模型

图 5-3　建筑现状 BIM 模型

为了解决场地布置的难题，运用 3Dmax 模拟场地布置（图 5-4），在有限的空间内精细布局，达到节约场地的目的，并且通过 BIM 漫游视频展示人流车流状态，将占用道路后的路况信息（图 5-5）反馈给交管部门，提高沟通效率。不仅如此，本项目还通过 BIM 模型对外立面脚手架搭设方案进行比选（图 5-6），提高了方案编制精度，将其用于现场指导和交底，效果显著。

图 5-4　3Dmax 模拟场地布置

图 5-5　道路封堵前后路况

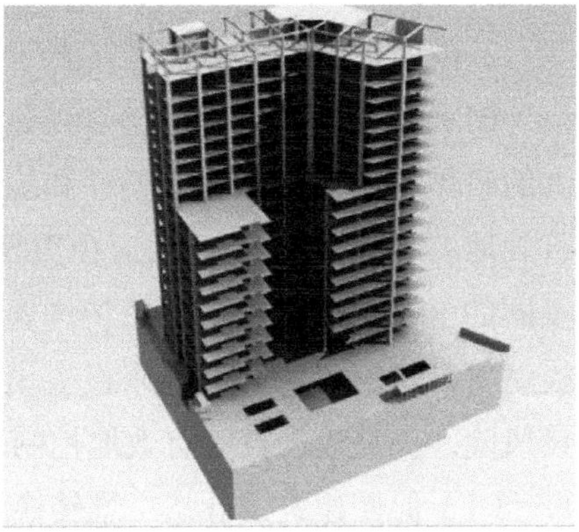

图 5-6　中庭超高脚手架模拟

项目应用 DMPO 体系，同时结合三维点云扫描技术，确保机电深化质量和效率。针对改造工程特点，在设计深化、施工、运维阶段全过程应用 BIM 技术。除此之外，本项目还创新应用 AR 技术辅助施工管理，并基于 AR 技术在改造工程中的应用开展进一步的研究。BIM 技术在项目的成功应用，减少了人力、物力投入并缩短建模周期约 60 天。三维技术的各项扩展应用提升了工作效率及质量，缩短工期约 50 天。并且在利用 BIM 技术进行机电安装深化设计时，解决碰撞点 1758 处，调整标高 235 处，减少了大量返工作业，估算节约工期 10%，减少成本 5%，约 500 万元。

5.1.2　基于 BIM 的既有建筑改造优势

1.BIM 技术作为一种先进信息技术手段，其具有的准确、高效、精细、模拟性等特征与解决目前既有建筑改造过程中的难题相契合。

（1）基于 BIM 技术的准确性、高效性，更好地获取和表达原始既有建筑物信息以及周围相关场地信息，从而助力后续的改造方案设计。

（2）基于 BIM 平台将建筑物信息添加至模型中，为改造方案设计奠定基础，同时也为设计优化提供有效支撑。

（3）基于 BIM 技术的模拟性、准确性进行多方案整合设计、优化与调整，找寻新旧建筑的结合点与冲突点，估算改造工程量与成本，帮助更好地决策。总之，通过 BIM 技术使用能够尽可能发挥既有建筑的价值，保留更多的有效构件。

2. 借助科学规范的管理方法

BIM 技术可以有效地整合项目建设过程中所有分散的信息，形成一个强大的整体，确保信息的完整性和统一性。从整体方面进行全方位监测，可以直观地展示项目施工情况，避免重复施工，提高施工工资源的利用效率。因此，不同的施工主体可以保持密切沟通，保持意见的完整性。同时，可以根据使模型更具目标性的必要性来设置模型类型。通过提高工程质量，有效规避建设风险，提高建设投资有效地控制。

（1）促使建筑设计从二维转换为三维

在 BIM 技术的实际应用中，可以通过数据库将建筑设计从二维转化为三维。传统的 CAD 设计模式在二维平台上交换各种信息数据，在实际设计过程中，错误理解的概率和重复信息注释的概率相对较高。基于 BIM 技术拥有和传统 3D 设计方法一致的可视化涉及窗口，并能够利用数据库进行对信息数据的三维可视化操作，从而极大地提高了信息数据交互效果和精确度，为建筑设计的顺利发展打下了坚实的基础。

（2）实现资源共享

在传统建筑设计工作模型的实践运用过程中，由于建筑设计数据的传递主要是借助高度离散的二维图纸进行的，而基于各个领域的信息数据之间没有关联性和交互作用，因此，各种信息数据的方差和独立性都相对较强。但是，在 BIM 技术的实践运用过程中，统一数字标准下的建筑模式可以大大提高建筑模式中各种信息与数据的共享，从而达到建筑信息设计与资源共享的目标。它还能够利用三维模式和互联网的相互作用来解决实际问题，并提高了利用互联网资料的可共享性。

（3）专业协同、问题碰撞

BIM 正向协同设计可以让建筑结构、水暖电精装等各专业构件及设备信息同时体现在一个模型中，实现了各个专业的同步协同作业，减少了各专业对图的时间。通过 BIM 正向设计可以及时发现管道相互之间的影响，合理优化管线排布，方便后期施工和使用维护。BIM 模型还能反映二维图不能反映的碰撞问题，使这些问题及时暴露并在设计阶段推敲解决方案，避免了施工过程汇总才发现的问题的被动情况及造成的造价增加、影响工期等不利影响，大大提高了工程质量和进度，并有效控制成本。

（4）高质量的施工

准确全面的 BIM 信息模型，可以有效地指导施工作业，提高设计的完成度，保证施工的准确度。

（5）高效的运营维护

BIM 模型多集成的建筑信息在项目竣工能提供全方位的运营维护管理服务，如出现突发故障，能及时反映，是保障建筑全生命正常运转的高效手段。

5.1.3 创新 AR 技术辅助施工管理

项目基于改造工程特点，创新应用 AR 技术辅助施工管理，并基于 AR 技术在改造工程中的应用开展进一步的研究，获得更佳的设计效果体验。

1. BIM+AR 模式既可以弥补 BIM 可视化的不足，还可以拓广 AR 的运用，实现优势互补，使得 BIM 模型进一步增强，成为真正的三维模型。在工程项目的全生命周期中，项目参与都能够通过 BIM+AR 技术，体验未建成项目最终运营后的实际效果。以施工过程为例，使用者在真实环境下，可以看到叠加在现实环境上的虚拟信息，使其既能感知该多维的虚拟化模型，又不会脱离真实世界，既可以确保项目全方位高质高效地完成，又降低了事故发生和资源浪费的概率，同时也真正从人体感觉出发进行设计，让设计融入人的体验，更符合人体环境感受。

2. 升级优化设计施工方案

设计师可以在 AR 模式下，身临其境地做设计，BIM 的价值得到更大发挥。通过不断地与建筑进行“对话”，以沉浸式的方式体验建筑的初始空间和周围环境的美感，丰富建筑设计，逐步添加柱、梁、楼板、墙板等构件。在此过程中感知设计是否合理，流线是否通畅，隐蔽工程是否安全，为未来建筑实际运行创造良好的设计基础。

5.1.4 BIM 技术应用效果

1. 社会效益

BIM 技术实施过程中，项目及时整理并总结 BIM 应用成果，积极申报各类 BIM 奖项，截至目前共获得北京市工程建设 BIM 大赛二类成果，天津市建设工程 BIM 技术应用成果交流活动二类成果，全国第二届工程建设行业 BIM 大赛一等奖，获得创新杯二等奖 1 项，取得了良好的社会效益。

2. BIM 技术应用总结

作为复杂改造项目，鼎好电子大厦改造升级项目积极探索 BIM 技术在改造工程中的落地应用,在 BIM 技术的引领和推动下攻克了多项重大施工难点，在指导施工、助力履约、深化设计、现场交底、组织管理等方面都取得了较好的成绩，积累了大量 BIM 技术于改造项目中的应用经验，为后续城市更新类项目奠定坚实的基础。

5.2 绿色施工技术

绿色建筑是建筑行业可持续发展的趋势，当前在建筑施工中应当持续不断地提升建筑企业的绿色施工理念，同时从施工规划、施工材料、施工方式等方面进行细致化的规划与管理。在建筑施工的过程中节能环保，减少对于资源的消耗以及对于环境的破坏，实施绿色施工技术，提升建筑的环保性。

5.2.1 施工方案

本项目为全面拆除改造项目，包括所有装饰拆除、机电线拆除、外幕墙拆除、部分结构改造加固施工，产生大量施工垃圾，垃圾外运与存放成为本项目一大重难点，且当日垃圾需当日消纳完成，否则难以满足次日垃圾产生量所需场地。在绿色施工过程，将垃圾进行分类，铁质可回收垃圾（包括幕墙拆除、机电管线拆除）回收再利用；拆除渣土垃圾、木材隔断垃圾，分类外运（图 5-7 和图 5-8）。

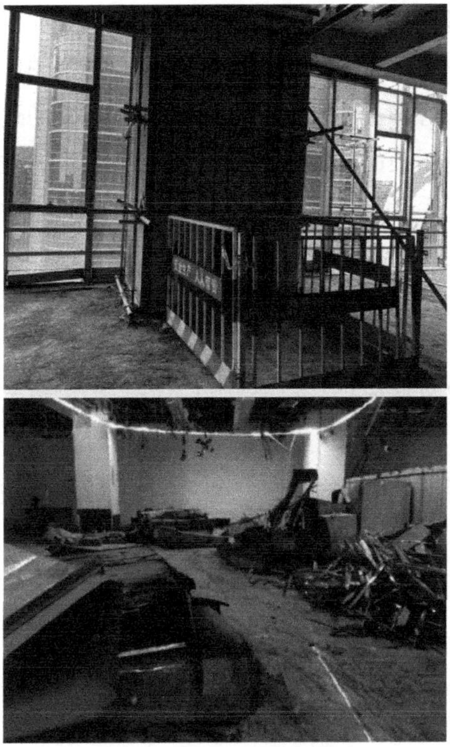

图 5-7 现场垃圾分类

图 5-8 垃圾分类消纳回收

5.2.2 城市更新改造工程绿色施工技术

1. 绿色施工技术的原则

为了改善建筑工程施工资源消耗量过大，对环境造成污染的现象，提出了绿色施工技术。从广义角度来说，绿色施工技术以建筑资源的高效利用为发展的核心目标，以环保理念为绿色施工的指导方向。基于可持续发展的目标，追求建筑工程施工的低耗与环保，通过独特的施工技术与管理方法，促进建筑工程获取综合经济效益。绿色施工技术与传统的施工技术存在一定的差异，传统的施工技术通常情况下以建筑工程的质量、进度、成本、工期为主要目标，缺乏对建筑资源与环境保护方面的综合考虑。虽然传统施工技术的工程质量、成本、工期达到了预期的目标，为企业带来了经济效益，但是基于长期发展的角度来看，建筑材料资源浪费的情况严重，不利于生态环境的可持续发展。在装修的过程中一定要加大对室内环境的关注，提高室内的空气通风水平和效率。同样，在对装修材料进行选择时，也要将环保和性价比作为挑选的重要标准。为了充分发挥施工材料的作用，就需要对材料的使用量以及材料的质量进行及时的监督和管理。在对地板和木板进行施工的过程中，如果处理不当，就会演变成环境污染的问题。这就意味着在施工的过程中，对于工作人员的施工技术和施工手段有着较强的要求，使其能够科学合理地进行相关的施工工作。同样，在不影响装修效果的前提下，也可以选择与之有关联的替代工艺来进行相应的施工，如果条件允许的话，同样也要考虑施工工艺的环保性以及质量和性价比等问题。

随着经济的发展和社会的进步，绿色环保理念已经获得了社会的广泛关注，要想推动社会的可持续发展，就一定要建立资源节约型和环境友好型社会，这意味着在施工的过程中就要运用绿色装修理念来落实新型节能相关技术。即便绿色施工技术已经得到发展，但是仍然有一定的进步空间。在研究的过程中，应该根据绿色技术出现的问题，制定相应的解决措施，由此来推动绿色技术的快速进步，使其能够长远发展。

2. 现代建筑施工中绿色节能建筑施工技术的优势

在我国建筑资源消耗大幅度增长的趋势下，在传统建筑工程施工技术的基础下，融合了绿色施工技术与可持续建筑理念，设计了全新的建筑工程现场实施及各个施工阶段的动态管理方法，能够最大限度地降低建筑资源浪费，减少施工管理不当对环境产生的污染。

（1）有利于节约资源

建筑行业在施工的过程中，对于水资源的需求量会特别大，我国在世界领域属于人口大国，土地资源浪费严重，出现了短缺情况。所以，建筑施工是要做好工程的设计和规划工作，促进建筑设计结构进一步的合理完善，提高土地资源的利用效率。此外，绿色节能建筑施工技术在现代建筑施工中的应用，能有效地节约各类资源，有助于促进社会的可持续发展。

（2）有助于保护环境

建筑施工领域中，对环境造成了很严重的污染，主要为噪声污染、建筑垃圾污染、扬尘污染等。然而，现代建筑施工中通过应用绿色节能建筑施工技术，有效地减少了建筑施工中造成的各类环境污染，给人类的生存环境带来了一片蓝天。所以，在绿色节能建筑施工的过程中，应对其施工的过程和施工中所使用的建筑材料进行严格管理和把关，对施工所采用的技术进行定期完善和更新，促进绿色节能建筑将其环保优势最大限度地发挥出来。

（3）有效节约成本

建筑施工过程中，建筑材料资金的使用占总投资成本的二分之一以上，由此可见，建筑工程的费用开支主要在建筑材料上。建筑施工中应用绿色节能施工技术，很大程度上节省了建筑材料的使用量，有效地降低了工程开支的费用，从而使建筑施工成本降低。定期对施工技术进行完善和更新，可以有效地减少施工过程中所产生的建筑垃圾，提高建筑材料的使用效率，进而节约材料，有效节约成本。

5.3 高层建筑改造工程屋面塔式起重机安拆施工技术

具体实施流程图如图 5-9 所示。

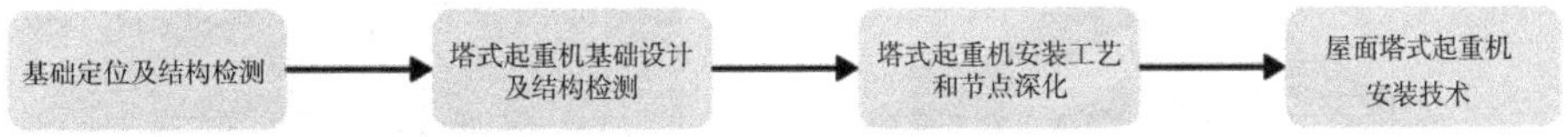

图 5-9 高层建筑改造工程屋面塔式起重机安拆施工技术实施流程图

5.3.1 屋面塔式起重机安拆技术概况

本工程建筑高度 90m，场地狭小，工况复杂，垂直运输困难。为了解决高层建筑改造工程垂直运输问题，提出了在屋面安装塔式起重机的新思路。为了实现屋面安装塔式起重机，设计了井字形钢梁的塔式起重机基础新形式，采用后置锚栓加双头螺栓实现塔式起重机基础与屋面结构连接紧固的传力方法。提出并实现了超高层塔式起重机反向安装改造工程屋面塔式起重机的想法。

本工程涉及屋面拆除、外幕墙拆除、屋面施工、设备安装幕墙安装等多个工序，垂直运输要覆盖 90m 高的屋面以及场内外 7000m^2 的范围，体量大、范围广、工效要求高。现状条件无法支设大型汽车起重机，经过论证，提出在屋面安装 2 台塔式起重机作为垂直运输工具，图 5-11 为屋面现状情况。

在屋面安装塔式起重机，要解决两个难题，一是塔式起重机基础传力的问题，二是塔式起重机运输的问题。屋面结构梁柱是否满足塔式起重机基础受力要求是屋面塔式起重机方案首先考虑的问题。现状屋面为框架结构，屋面存在花架梁柱结构。结构柱尺寸为 600mm × 600mm 混凝土柱，梁截面尺寸为 300 mm × 700mm，配筋可参考竣工图考虑（图 5-10）。经过塔式起重机反力受力计算确定现状花架梁柱结构能够满足基础承载力要求，无需进行加固处理。出于安全考虑，对塔式起重机基础处结构梁柱进行结构实体检测，确定原梁柱混凝土强度和配筋满足受力要求。常规的塔式起重机基础无法满足屋面塔式起重机安装技术要求和受力要求，需要设计一种新的塔式起重机基础形式。在现状建筑 90m 屋面上安装塔式起重机，且不采用汽车起重机，对于安装技术本身就是一大挑战。通过设计布置，确定了 2 台塔式起重机的方案，分别位于屋面东西两侧（图 5-11），对建筑及周边全覆盖，塔式起重机载重量 2t，满足施工期间的使用需求。

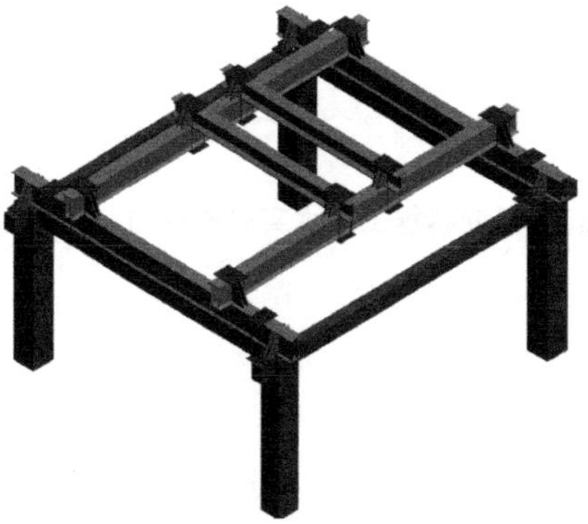

图 5-10　塔式起重机基础模型图

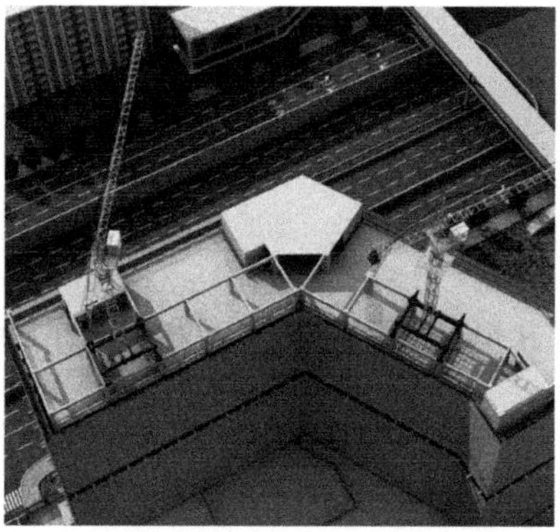

图 5-11　屋面塔式起重机三维模型图

在塔式起重机基础安装前，运用迈达斯软件对塔式起重机受力进行计算（图 5-12），设计出满足使用要求的塔式起重机基础钢梁规格和形式；对原结构承载力进行验算复核，能满足承载力需求即可直接安装塔式起重机，若无法满足要求，需要对屋面结构进行加固；对原始结构进行结构实体检测，确保原结构受力安全。为了解决塔式起重机安装的难题，在现有结构上安装扒杆，利用扒杆安装屋面塔式起重机，利用屋面吊安装屋面塔式起重机。第一台塔式起重机安装完成后将屋面吊移位，进行第二台塔式起重机安装。

5.3.2　屋面塔式起重机安拆技术实施

1. 塔式起重机定位设计

为满足施工使用需求，设计 2 台屋面塔式起重机，对施工现场全覆盖。

2. 塔式起重机基础设计和结构实体检测

经过设计计算，采用纵横向的井字形钢梁基础形式，作为塔式起重机受力基础，纵向钢梁长度为屋面横向结构柱的跨距，横向钢梁长度为屋面纵向结构柱的跨距，基础通过后置锚栓固定在原结构柱上，同时采用双头高强度螺栓作为辅助紧固装置，与原结构梁固定锚固。对原结构进行结构实体检测，结果满足受力要求（图 5-13）。

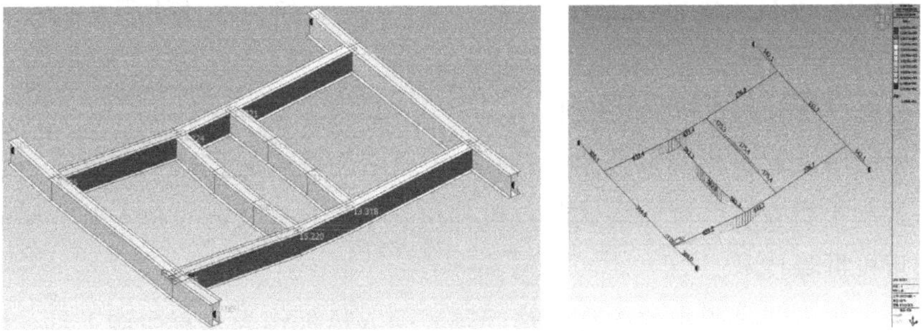

（a）　　　　　　　　　　　　（b）

图 5-12　迈达斯软件下塔式起重机基础受力模型图

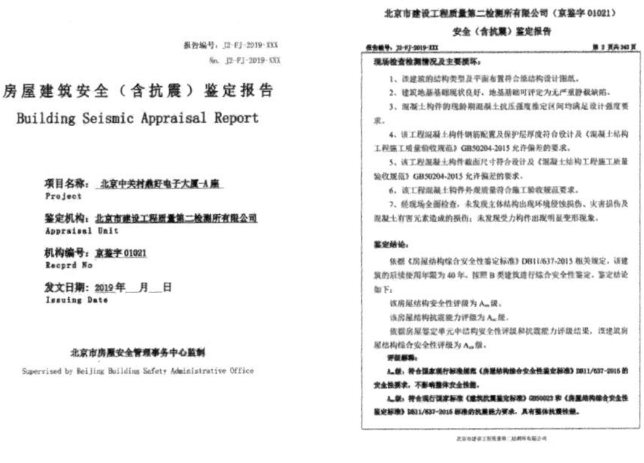

报告编号：J2-FJ-2019-XXX
No. J2-FJ-2019-XXX

房屋建筑安全（含抗震）鉴定报告
Building Seismic Appraisal Report

项目名称：北京中关村鼎好电子大厦-A 座
Project

鉴定机构：北京市建设工程质量第二检测所有限公司
Appraisal Unit

机构编号：京鉴字 01021
Recprd No

发文日期：2019 年__月__日
Issuing Date

北京市房屋安全管理事务中心监制
Supervised by Beijing Building Safety Administrative Office

北京市建设工程质量第二检测所有限公司（京鉴字 01021）

安全（含抗震）鉴定报告

报告编号：J2-FJ-2019-XXX　　　　第 2 页共 243 页

现场检查检测情况及主要损坏：

1、该建筑的结构类型及平面布置符合原结构设计图纸。

2、建筑地基基础现状良好，地基基础可评定为无严重静载缺陷。

3、混凝土构件的现龄期混凝土抗压强度推定区间均满足设计强度要求。

4、该工程混凝土构件钢筋配置及保护层厚度符合设计及《混凝土结构工程施工质量验收规范》GB50204-2015 允许偏差的要求。

5、该工程混凝土构件截面尺寸符合设计及《混凝土结构工程施工质量验收规范》GB50204-2015 允许偏差的要求。

6、该工程混凝土构件外观质量符合施工验收规范要求。

7、经现场全面检查，未发现主体结构出现环境侵蚀损伤、灾害损伤及混凝土有害元素造成的损伤；未发现受力构件出现明显变形现象。

鉴定结论：

依据《房屋结构综合安全性鉴定标准》DB11/637-2015 相关规定，该建筑的后续使用年限为 40 年，按照 B 类建筑进行综合安全性鉴定，鉴定结论如下：

该房屋结构安全性评级为 A[illegible]级。

该房屋结构抗震能力评级为 A[illegible]级。

依据房屋鉴定单元中结构安全性评级和抗震能力评级结果，该建筑房屋结构综合安全性评级为 A[illegible]级。

评级解释：

A[illegible]级：符合国家现行标准规范《房屋结构综合安全性鉴定标准》DB11/637-2015 的安全性要求，不影响整体安全性能。

A[illegible]级：符合现行国家标准《建筑抗震鉴定标准》GB50023 和《房屋结构综合安全性鉴定标准》DB11/637-2015 标准的抗震能力要求，具有整体抗震性能。

北京市建设工程质量第二检测所有限公司

（a）　　　　　　　　　　　　（b）

图 5-13　结构实体检测报告

3. 塔式起重机安装工艺和节点深化

采用 BIM 模型推演基础施工工艺及塔式起重机安装方法，深化节点详图用于指导现场施工（图 5-14 和图 5-15）。

图 5-14　BIM 模型推演基础施工工艺

图 5-15　深化节点详图

4. 屋面塔式起重机安装技术

屋面塔式起重机安装技术包括：扒杆及屋面塔式起重机安装、第一台屋面塔式起重机安装、屋面塔式起重机移位、第二台塔式起重机安装、屋面塔式起重机拆除技术。

为解决安装过程中的垂直运输问题，引入扒杆作为垂直运输工具。扒杆主要构件尺寸及重量见表 5-1。

扒杆主要构件尺寸及重量　　表 5-1

名称	尺寸（mm）	重量（kg）
立杆	300 × 300 × 1500	80（2 件）
前臂杆	500 × 500 × 1500	40（10 件）
起升卷筒	500 × 600 × 800	200
钢丝绳	300	240

利用现场货运电梯将扒杆各个部件运至楼顶上，由于电梯不能直接到屋面上，利用人工将各部件走楼梯运至屋面。扒杆用 6 条 M39 螺栓固定在屋面梁上，用 ϕ14 钢芯钢丝绳双股做缆风绳，钢丝绳穿楼板与结构梁紧固，缆风绳固定点不得少于 5 个。

在屋面将扒杆组装，位置如图 5-16 所示。组装完后，经过检查、验收、试验，一切正常后，方可投入使用。

图 5-16 扒杆安装完成照片

扒杆距屋面塔式起重机中心距离为 6m，扒杆安装位置在结构最外侧，便于路面上屋面塔式起重机各部件吊装。屋面塔式起重机最重部位是起升机构（含钢丝绳），为 1400kg，扒杆作业半径 10m 内，起重量为 2000kg，满足要求。屋面塔式起重机基础为十字钢梁基础，与结构连接固定方式和塔机基础一样，也是由双头高强度螺栓通过埋板与原结构梁固定拉结。利用扒杆将屋面塔式起重机安装完毕后，使用屋面塔式起重机把扒杆拆除，由于屋面塔式起重机位置靠近结构外侧，直接将扒杆拆卸后，将各个部件放置地面上。

屋面塔式起重机安装完成，卸荷支撑搭设后即开始屋面塔式起重机安装。由于塔式起重机放置在屋面上，标准节较少，塔式起重机出屋面高度 5 ~ 10m 就能满足起吊要求。利用屋面塔式起重机将塔式起重机部件吊运至屋面层进行安装，此操作过程同塔式起重机安装。特点是采用超高层塔式起重机拆除的方案逆向施工，解决了汽车起重机无法支设的问题。塔式起重机安装流程如图 5-17 所示。

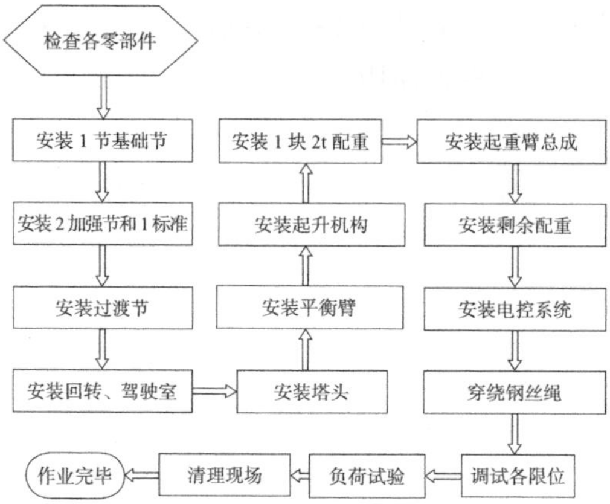

图 5-17　塔式起重机安装流程图

当屋面设计多台塔式起重机时，安装完成第一台后需要对后续塔式起重机进行安装，本工法重点演示第二台塔式起重机的安装过程。

第一台安装完成后，经过检测和验收后，即可投入使用。为了保证多台塔式起重机的安装，采用移动屋面塔式起重机的方式进行。通过第一台塔式起重机将屋面塔式起重机移动到设计位置上，固定在结构梁上，固定方式同上。

重复上述塔式起重机安装方式采用屋面塔式起重机安装第二台塔式起重机，流程见上述流程图，如此反复多次，安装全部屋面塔式起重机。安装完成后利用屋面塔式起重机拆除屋面塔式起重机，经过检测合格后塔式起重机即可投入使用。塔式起重机安装过程及完成示意图如图 5-18 和图 5-19 所示。

（a）　　（b）

图 5-18　塔式起重机安装过程照片

图 5-19　塔式起重机安装完成照片

屋面塔式起重机拆除采用安装反向的顺序进行，整体流程如下：

屋面塔式起重机安装→利用屋面塔式起重机拆除第一台塔式起重机→利用第二台塔式起重机将屋面塔式起重机进行移位→利用屋面塔式起重机拆除第二台塔式起重机→安装扒杆→利用扒杆拆除屋面塔式起重机→拆除扒杆。

5.3.3　屋面塔式起重机安拆技术应用效果

高大建筑改造工程屋面塔式起重机安装及拆除技术，在垂直运输方案上做了突破性的优化，与传统的汽车起重机的方式不同，提出了在既有屋面上安装塔式起重机的想法并一步步实现，这在北京市属于首次运用，也为今后的改造工程打开了思路。在基础制作与实施上，研制了后置锚栓与双头螺栓组合的塔式起重机基础传力装置，得到了很好的应用，为类似项目提供了借鉴经验。塔式起重机安装克服了场地限制的影响，采用超高层安拆塔式起重机逆向施工的施工方法，引入了屋面塔式起重机和扒杆，巧妙地解决了高层垂直运输的难题。

由于本工程作为高层建筑改造的代表工程，屋面塔式起重机的使用可以有效地提高施工效率，节约工期，值得在类似工程中推广使用，对改造项目的垂直运输方案选择上具有借鉴作用。

5.4 复杂幕墙体系拆除施工技术

具体流程图如图 5-20 所示。

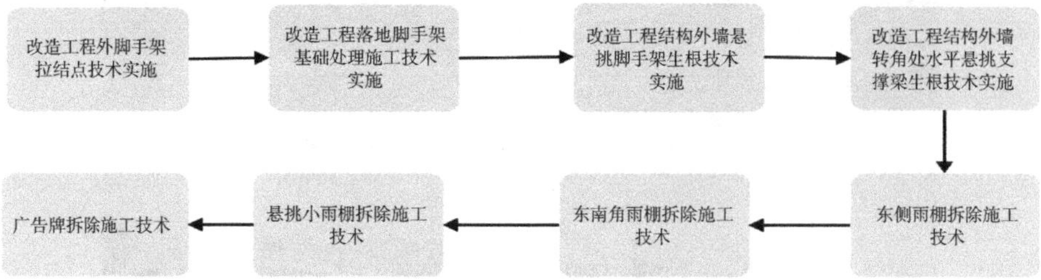

图 5-20 复杂幕墙体系拆除施工技术流程图

5.4.1 复杂幕墙体系拆除施工技术概况

对于高层建筑改造工程而言，幕墙工程的改造既是施工难点同时也是技术难点，如何在超高处安全、有序且高效地完成幕墙拆除，既考验项目施工的拆除技术也考验项目管理能力，对于中关村地标建筑鼎好大厦 A 座而言，其幕墙改造工程施工难度巨大，拆除技术复杂，主要体现在以下几点：

1. 项目场地狭小，常规拆除机械无法满足全范围拆除需求。针对因场地及拆除机械受限的困难，项目从拆除所需场地面积小、可全范围进行拆除以及可保证拆除安全等三个方面攻关，决定在幕墙外侧搭设外脚手架进行拆除，在外脚手架搭设安全的前提下，可高效解决上述三点困难。项目场地概况如图 5-21 所示。

图 5-21 项目场地概况

2. 原幕墙超高、面积巨大。

3. 原幕墙体系复杂，外挂附属物繁多（图 5-22）。

4. 外挂附属物图纸缺失，增加施工难度。

5. 幕墙整体拆除顺序与拆除原则的确定是确保原幕墙顺利拆除的保障。在确定了使用外脚手架作为幕墙拆除操作平台后，项目随即结合工况及改造工程特别进行外架搭设的技术筹划工作。结合项目建筑高度、层高、搭设位置等多种因素，经过多次技术，在 1 ~ 10 层搭设落地式脚手架，11 ~ 19 层分两次搭设悬挑脚手架（图 5-23）。

（a）　（b）

图 5-22　原幕墙体系

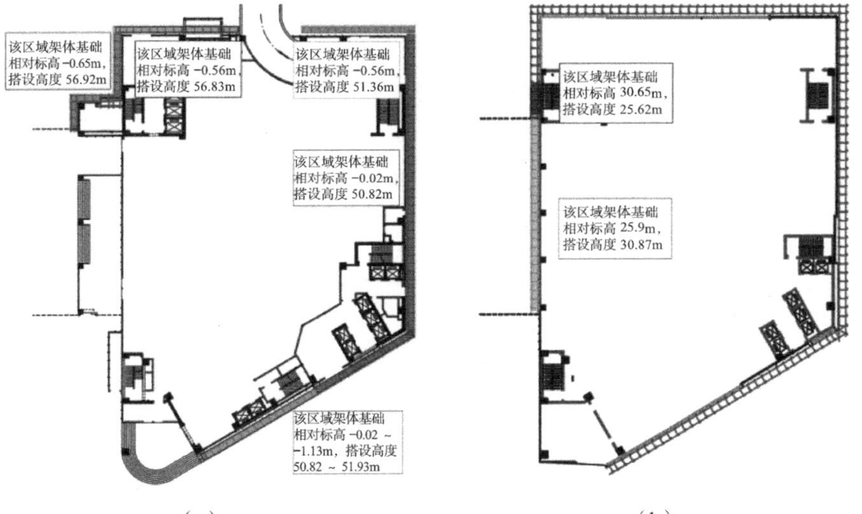

（a）　（b）

图 5-23　各位置落地式脚手架搭设高度示意图

在技术筹划中发现，对于改造工程而言，外架的搭设仍存在许多施工和技术重难点。如：（1）拉结点设置条件苛刻；（2）场地受限，架体材料垂直运输困难，影响外架搭设工期；（3）落地脚手架基础形式多样且复杂；（4）落地脚手架超高，立杆易失稳；（5）悬挑脚手架固定困难；（6）脚手架出墙距是确保架体安全和施工的重要前提；（7）脚手架搭设过程中安全风险系数高。

5.4.2 复杂幕墙体系拆除施工技术实施

1. 改造工程外脚手架拉结点技术实施

为满足脚手架拉结点设置要求，在脚手架搭设过程中除与框架柱采用抱柱连接外，楼梯间电梯间外墙采用后置埋件刚性连接拉结，拉结点布置方式为两步三跨。

无框架柱、剪力墙的中空部位，优先采用框架部位拉结加强做法（即中空部位的两侧框架柱，每步设置一个拉结点）。应设拉结点的部位与结构楼板在高度上相差远大于 300mm 时，也可采用钢管向脚手架一侧斜向下拉结，如图 5-24 所示。

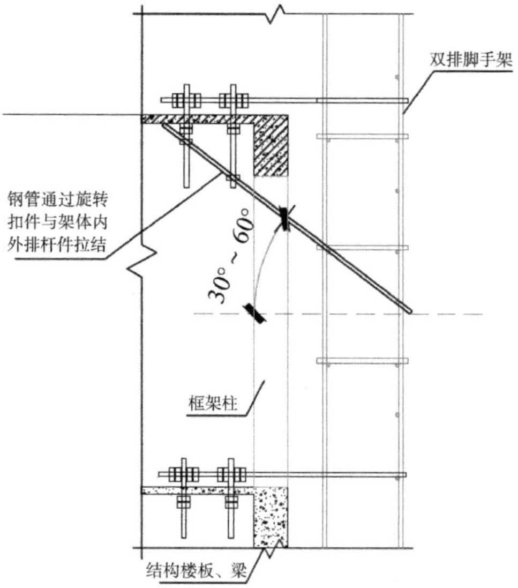

图 5-24　无框架柱、剪力墙的中空部位拉结点做法示意图

当拉结点距楼板高度较高且超过 1m 时，斜向下拉结无法满足角度要求时，需向楼内方向增设一个连墙件，延伸长度为拉结点到楼板的距离，并与另一个连墙件自由端进行斜拉固定（图 5-25）。

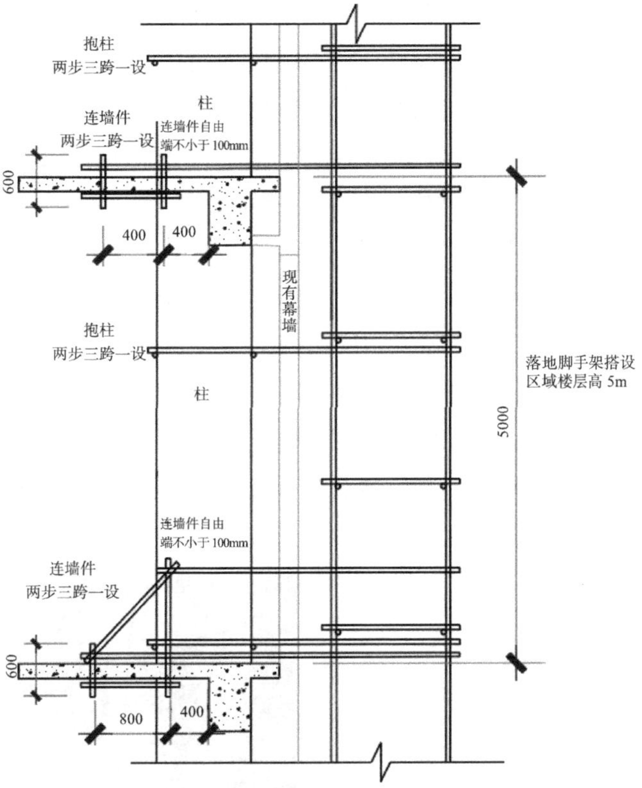

图 5-25 楼板上连墙件、抱柱节点图

2. 改造工程落地脚手架基础处理施工技术实施

北侧、东侧、西侧及南侧脚手架利用现有铺装面做基础，在基础上铺设脚手板，立杆下垫 200mm × 250mm × 10mm 钢板片，脚手架基础下为铺装垫层，垫层下为车库顶板，车库顶板区域架体下方设置回顶支撑。

西侧绿化区域挖出种植土至地下室顶板防水保护层处，在防水保护层上立杆落地处做 250mm × 400mm 地梁（上铁配筋 3C18，下铁配筋 4C18，箍筋 C10@200），地梁施工完成后进行回填种植土并至地梁顶预留 10cm，随后对种植土区域做5cm厚混凝土硬化地面并向市政路方向找2%的坡，以保证脚手架基础排水顺畅，不积水。

南侧连廊屋面裙房落地脚手架搭设前，需保证连廊屋面结构楼板上脚手架搭设区域的找坡层、找平层、保温层、防水层、防水保护层全部清理干净，同时采取排水措施，避免架体底部的地梁长期被水泡。

西侧风井顶板横向设置45b号工字钢，在45b号工字钢铺设前在待铺设位置铺一道2cm厚水泥砂浆，以确保铺设稳定，纵向设置18号工字钢，立杆放置于18号工字钢上，在翼缘中部焊接25cm高，直径25mm钢筋头用于固定立杆，西侧风井基础大样如图5-26所示。

3. 确保落地脚手架搭设安全的保障技术实施

使用双立杆：为确保本工程脚手架承载力安全可靠，满足施工需求，双立杆高度为38m，双立杆部位采用双小横杆，并分别固定于双立杆左右两侧。

做好自主研发安全绳装置（图5-27）：针对架体搭设人员在搭设过程中无法进入楼内的安全风险，项目部自主研发了便于拆卸且牢固可靠的安全绳装置，能够最大限度地确保搭设工人在搭设过程中的操作安全，降低安全隐患。

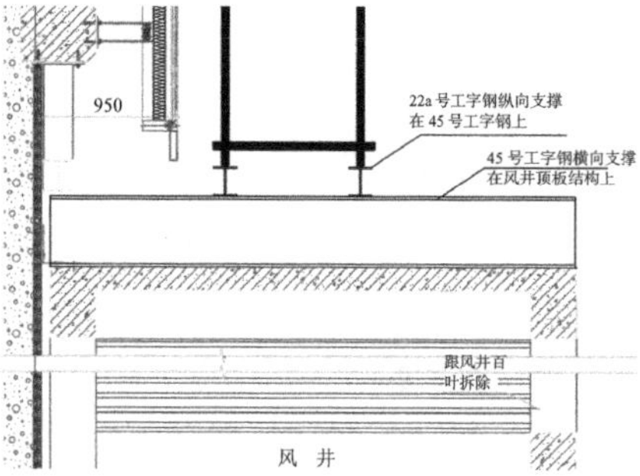

图5-26 西侧风井位置及基础大样图

图5-27 项目自主研发用于改造工程外架搭设用的安全绳装置

4. 改造工程结构外墙悬挑脚手架生根技术实施

由于本工程楼梯间电梯间内结构限制，无法在楼梯间及电梯间内铺设悬挑工字钢，为保证该区域能顺利搭设悬挑脚手架，悬挑工字钢梁采用螺栓压钢板与结构外墙连接固定，在悬挑脚手架工字钢位置对外墙进行洗孔，在墙两侧后置 300mm × 300mm × 20mm 钢板，并通过 M22 高强度螺栓进行连接，高强度螺栓安装完成后用比原结构高一标号灌浆料填充密实。另外，下撑杆件选用 18 号工字钢，与主梁采用焊接连接，下撑杆件与外墙固定处同样采用螺栓压钢板方式进行连接固定，埋板与高强度螺栓规格与主梁规格相同。外墙部位悬挑脚手架工字钢连接如图 5-28 所示。

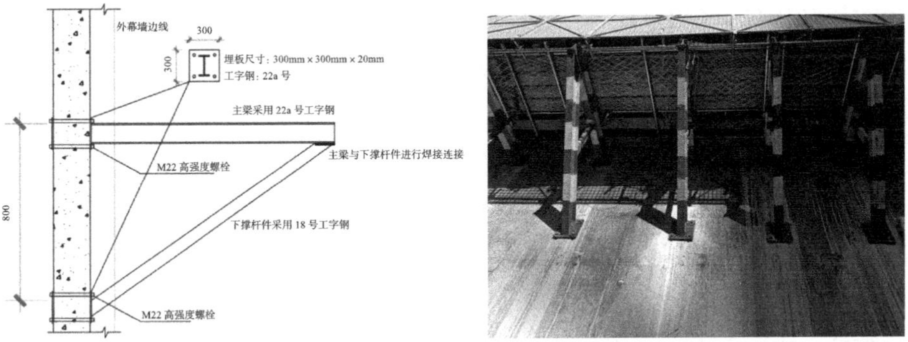

（a） （b）

图 5-28 外墙部位悬挑脚手架工字钢连接详图

5. 改造工程结构外墙转角处水平悬挑支撑梁生根技术实施

水平悬挑支撑梁在柱转角和外墙转角位置需结合水平悬挑支撑梁布置图和现场实际情况进行量尺定做。

6. 东侧雨棚拆除施工技术

东侧雨棚为小型钢结构雨棚，面板为钢化玻璃，东侧雨棚现状如图 5-29 所示。对于此类据地高度不高，结构简单且重量较轻的，采用自动升降平台配合人工气割进行拆除，先拆除玻璃面板，再依次拆除主梁、次梁、斜拉杆。

（1）主要拆除顺序

拆除场地封闭→拆除雨棚玻璃面板→拆除钢架。

（2）主要拆除工艺

①拆除场地封闭

拆除施工前对待拆除施工区域拉设警戒线进行封闭，并安排专职安全员看守旁站，非施工人员不得随意进入拆除施工区域。

②拆除雨棚玻璃面板

拆除雨棚玻璃面板时先用壁纸刀将玻璃面板间密封胶拆除，然后用玻璃吸盘吸附玻璃面板牢固后对玻璃面板固定螺栓进行拆除，面板固定螺栓拆除完毕后将玻璃面板放在升降平台上。

③拆除钢架

拆除时，首先用气割工具拆除小次梁，然后拆除主梁，最后拆除斜拉杆。拆下来的构件放到平台里，不可直接抛扔至地面。气割拆除时需安排专人看火并开具动火证，准备灭火器、接火盆、防火布等灭火器材。

7. 东南角雨棚拆除施工技术

东南角雨棚为直角三角形钢龙骨外包铝板雨棚，最远处悬挑长度 10.4m，距地面高度 10.4m，拆除时应遵循先拆除上下面装饰铝板，后根据分块进行气割吊装拆除的原则。东南角雨棚现状如图 5-30 所示。

对于此类情况的雨棚可采用曲臂高空作业车及 8t 汽车起重机配合人工进行拆除，雨棚主次龙骨均采用人工气割分段后吊装拆除。

图 5-29　东侧雨棚现场实图

图 5-30　东南角雨棚现场实图

（1）主要拆除顺序

拆除场地封闭→装饰铝板拆除→雨棚龙骨拆除。

（2）主要拆除工艺

①拆除场地封闭

拆除施工前对待拆除施工区域拉设警戒线进行封闭，并安排专职安全员看守旁站，非施工人员不得随意进入拆除施工区域。

②装饰铝板拆除

拆除雨棚装饰铝板时，先拆上部铝板，再拆下部铝板。

拆除上部铝板时，先用壁纸刀将铝板间密封胶拆除，待密封胶拆除后用撬棍拆除铝板，第一块铝板拆除完毕后工人需将安全带系挂在漏出的龙骨上，拆解下来的铝板需有序放在曲臂升降平台上，要注意堆载不得超过平台最大荷载。

拆除下部铝板时，拆除工人站在曲臂升降平台上由外侧至里侧依次进行拆除，拆除作业时下方不得有人员停留。

③雨棚龙骨拆除

雨棚龙骨拆除从悬臂端由外侧至里侧依次进行分块拆除，分块的重量控制在大约 1t 之内。

8. 悬挑小雨棚拆除施工技术

本工程外围有一圈悬挑小雨棚需要在搭设外脚手架前拆除，小雨棚的高度约 10m，悬挑长度 1.5m，拆除时应遵循先拆除铝板，再拆除次龙骨、主龙骨的原则，此类拆除工况下可采用人工配合曲臂高空作业车进行拆除。

（1）主要施工顺序

现场封闭→雨棚铝板拆除→龙骨拆除。

（2）主要拆除工艺

①现场封闭

拆除施工前对待拆除施工区域拉设警戒线进行封闭，并安排专职安全员看守旁站，非施工人员不得随意进入拆除施工区域。

②雨棚铝板拆除

先用壁纸刀将铝板间密封胶拆除，然后用吸盘吸附铝板牢固后对铝板固定栓钉进行拆除，固定栓钉拆除完毕后将铝板放在升降平台上，要注意堆载不得超过升降平台最大荷载。

③龙骨拆除

本工程悬挑小雨棚龙骨的构件较小，重量较轻，在进行切割作业时可采用角磨机配砂轮片或等离子切割机将悬挑龙骨进行分段切割拆除。

9. 广告牌拆除施工技术

经现场排查，广告牌的外侧距离大厦原结构已达 1.2m，但本工程落地脚手架东立面内立杆出墙距为0.6m，因此受广告牌影响，落地脚手架在搭设时无法直接向上搭设，需要边搭脚手架边进行广告牌的拆除。

经现场排查确定，东立面LED显示屏为单元式拼接独立固定小屏幕整合而成，每块屏幕大小为0.5m×0.5m，每块重量约为20kg，经过核算本工程外脚手架满足小屏幕的临时堆载要求。

由于LED小屏幕为单块独立固定，所以在拆除LED显示屏时应按照从下至上进行单块小屏幕的逐步拆除原则，且拆除下方单元屏幕时并不会影响上方屏幕的连接固定。

（1）主要拆除顺序

现场封闭→脚手架搭设→拆除广告牌面板→拆除照明器材（LED小单元体屏幕）→拆除广告牌龙骨。

（2）主要拆除工艺

①现场封闭：拆除广告牌施工前先将施工现场进行封闭，禁止非施工人员进入，并拉上警戒线，派专职安全人员进行旁站。

②脚手架搭设

由于广告牌出墙距的影响，脚手架内立杆先搭设至广告牌底部，外立杆多向上搭设两步，并设置好拦腰杆、侧向钢制防护网、安全绳等安全防护措施，同时作业层满铺脚手板，下方铺设满铺安全平网。

③拆除广告牌面层：东、西立面绷布广告牌面层是柔性喷绘布，采用壁纸刀进行切割分块拆除，拆除下来的材料放到楼内，再从楼内电梯运到现场临时堆放场地。

④拆除照明器材及LED单元体小屏幕拆除。

⑤龙骨的拆除用等离子切割机进行拆除，拆除后将拆除垃圾运到楼内指定位置，最后用室内电梯运到封闭垃圾池，并及时安排外运。

广告牌拆除示意图如图5-31所示。

5.4.3 复杂幕墙体系拆除施工技术应用效果

城市更新项目作为城市建设发展的新板块将在今后的城市建设中占据主旋律，而幕墙体系的拆除无疑是主旋律中的关键。项目在对本工程复杂幕墙体系进行现场实勘及充分分析后，严格按既定流程和拆除工艺进行施工，顺

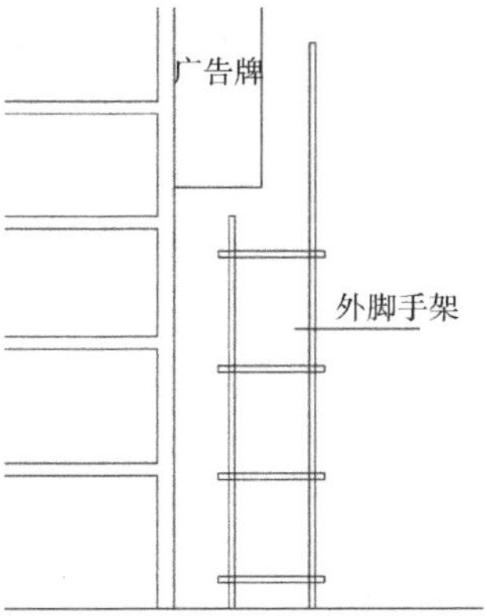

图 5-31　广告牌拆除示意图

利将幕墙及其超大 LED 广告屏等复杂附属构筑物顺利拆除完成。在拆除过程中严格按既定拆除施工技术进行施工，各项安全保障措施设置齐全，在保证拆除安全的同时保证了幕墙拆除的进度要求，为工程的顺利开展奠定了良好的基础。本工程通过搭设外架进行幕墙拆除保证了拆除安全，同时对比采用机械拆除的方式大大节省了施工成本，为今后城市更新改造工程幕墙拆除提供了宝贵的经验。

5.5　超长悬挑飞檐拆除施工技术

具体施工流程图如图 5-32 所示。

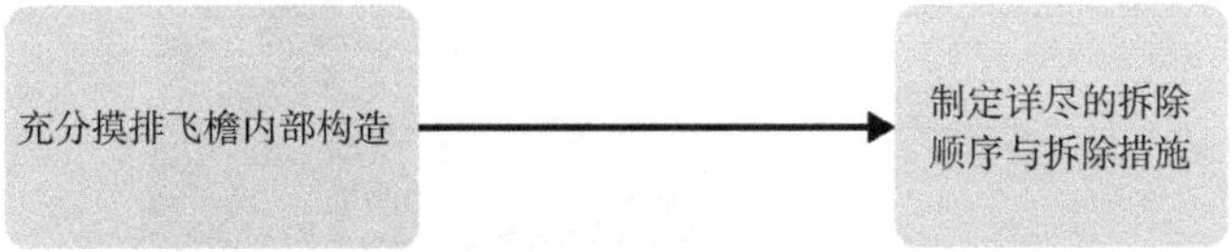

图 5-32　超长悬挑飞檐拆除施工技术施工流程图

5.5.1　超长悬挑飞檐拆除施工技术概况

本工程超长悬挑飞檐的拆除是拆除施工过程中一大重难点，其飞檐高度高、悬挑长度超长，飞檐位于屋面机房层顶东南角结构花架梁上，顶标高为

90m；飞檐内部结构复杂且原有构造详图年久缺失。针对此类工况异常复杂且图纸缺失的情况，项目总结出三步走的飞檐拆除方法。

第一步，通过现场勘查，摸清并还原飞檐内部构造，以及各构件尺寸，通过构件尺寸查表得出各构件重量，进而估算出飞檐整体重量。

第二步，针对项目整体施工部署，结合施工安全性、施工效率及施工成本选择最佳的垂直运输机械，本工程通过引入“屋面塔式起重机”高效地解决了包括飞檐拆除垂直运输在内的多项垂直运输难题，施工安全性得到了保证，施工效率显著提升。

第三步，确定拆除顺序、拆除方法和安全保障措施，即遵循“先防护，再拆除；分段切割，分段吊运”的飞檐拆除原则。

5.5.2 超长悬挑飞檐拆除施工技术实施

1. 充分摸排飞檐内部构造

通过现场勘查，摸清并还原飞檐内部构造，以及各构件尺寸，通过构件尺寸查表得出各构件重量，进而估算出飞檐整体重量。

东南角大飞檐呈直角三角形，悬挑长度约 13.5m，大飞檐平面图、立面图如图 5-33 所示。

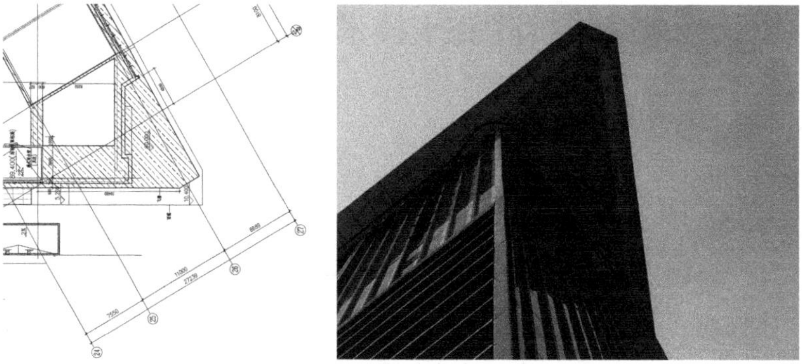

（a）　　　　（b）

图 5-33　仅保留的东南角悬挑大飞檐平面、立面图

对于拆除危险性较大的构件，若缺失其构造详图，那么首先要做的是充分对飞檐内部构造以及各构件尺寸进行实测，经现场复核，大飞檐面层装饰为 3mm 厚铝板，尺寸为 2167mm × 1350mm，飞檐边缘处为三角形铝板；大飞檐主梁为 56a 号工字钢，主梁间距 3.2m，次梁为 32a 号工字钢，次梁间距 2.7m；框架龙骨为 60mm × 40mm × 3mm，框架龙骨横向间距为 1.6m，纵向间距为 1.3m。

大飞檐各构件重量见表 5-2。大飞檐平面构造示意如图 5-34 所示，立面构造示意如图 5-35 所示。

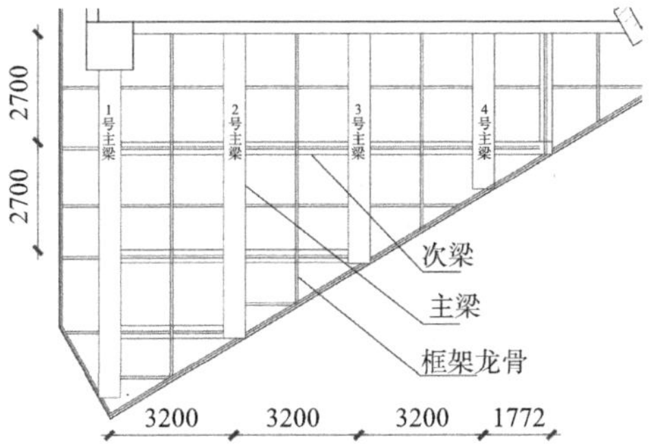

图 5-34 大飞檐平面构造示意图

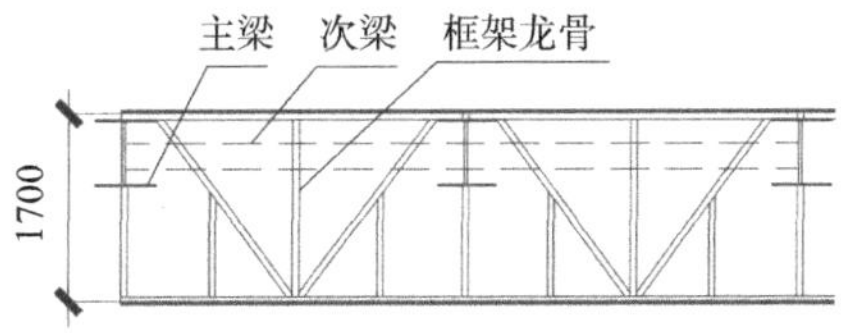

图 5-35 大飞檐立面构造示意图

大飞檐各构件重量表 表 5-2

序号	部位	单位重量	重量
1	主梁 56a 号工字钢	106.2kg/m	1 号主梁长 8.2m，重量约 871kg； 2 号主梁长 7.6m，重量约 807kg； 3 号主梁长 5.8m，重量约 616kg； 4 号主梁长 3.9m，重量约 414kg； 总重量约为 2708.0kg
2	次梁 32a 号工字钢	52.7kg/m	次梁总长 23.34m，总重量约 1230.0kg
3	框架龙骨 60mm × 40mm × 3mm 矩形钢管	4.43kg/m	经核算矩形钢管总长约 230m，总重量约为 1018.9kg
4	3mm 铝板	8.55kg/m^2	上下层悬挑面积约为 176.4m^2，侧面边长为 26.8m，侧面积 45.7m^2，总重量为 1898.9kg
总计	—	—	6855.8kg

2. 制定详尽的拆除顺序与拆除措施

结合项目周边环境等因素，发现无法采用常规起重机械如曲臂车、升降平台等，同时由于飞檐悬挑长度过长，搭设悬挑操作平台所需工字钢长度较长，搭设难度系数极高。经项目多次分析后决定采用分段切割后配合屋面塔式起重机进行分段整体吊装飞檐拆除的方法。

本工程主楼东侧屋面塔式起重机选用型号为 W5610-6A，作业半径为 46m，塔式起重机距大飞檐最远处为 33.5m，大飞檐在塔式起重机起重作业半径范围内，飞檐最远处屋面塔式起重机最大起重量为 2.39t。其平面布置图如图 5-36 所示。

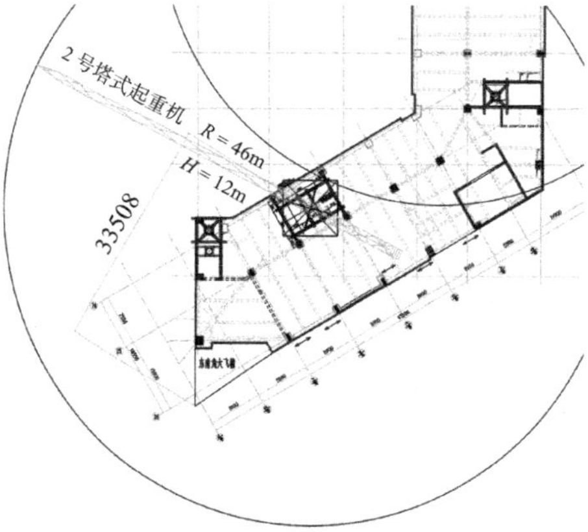

图 5-36　主楼东侧塔式起重机平面布置图

主要拆除顺序：

场地封闭→对原飞檐结构进行安全性检查→拆除主梁上部铝板、安装生命绳→搭设底部操作平台→拆除飞檐顶部其余位置铝板→大飞檐分段切割→起吊至地面→地面分解拆除、外运出场。

主要拆除方法：

（1）场地封闭

道路管制区域及管制人员站点位示意图如图 5-37 所示。

（2）对原飞檐结构进行安全性检查

检查各构件（主梁与次梁、主次梁与矩形钢管）焊缝的质量、焊缝是否饱满、是否存在锈蚀侵蚀的情况，以及下层及侧面铝板连接牢固程度、是否发生松动等一系列质量安全问题。

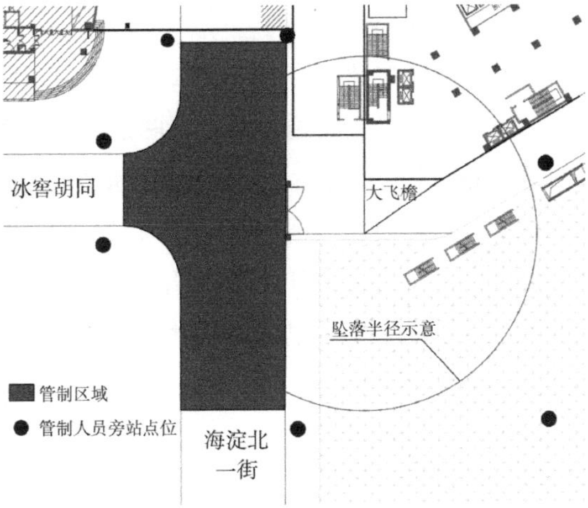

图 5-37　道路管制区域及管制人员旁站点位示意图

若发现有以上质量问题，需立即进行处理，对原结构进行加固，确保分段吊装的整体稳定性。

（3）拆除主梁上部铝板、安装生命绳

拆除作业过程中工人防坠落安全措施采用双道安全防护，第一道防护将安全带系挂至立杆式双道安全绳上；第二道防护为用长绳一段系挂在工人安全带上，另一端系挂在屋顶结构柱上，并且由旁站工人时刻拽紧安全带。

（4）搭设底部操作平台

在飞檐下层矩形钢管上搭设操作安全防护平台，该操作平台可同时起到施工作业和安全防护平台的作用。由两块钢跳板拼接焊接而成（钢跳板规格为 6000mm × 240mm × 45mm），平台宽度 48cm，钢跳板与大飞檐下层矩形钢管焊接连接，后期随飞檐一起吊装至地面。

（5）拆除飞檐顶部其余位置铝板

底部安全操作安全防护平台搭设完成后，对飞檐顶部其余位置铝板进行拆除，底部和侧立面铝板不拆除。飞檐顶部铝板拆除时应从悬挑内侧逐步向悬挑外侧进行拆除，拆除前工人必须将安全带系挂在主梁上端安全绳上，拆除时工人站在操作安全防护平台上，同时必须用吸盘将铝板吸附牢固，以防止铝板发生坠落，随后依次将待拆除铝板铆钉进行拆卸，拆卸后的铝板和铆钉不得随意放置，需第一时间放置于屋面上，以免发生坠落伤人。

（6）安装吊耳、挂钢丝绳

为确保吊装安全，项目自主研发了可拆卸式吊耳，采用钢板螺栓夹钢梁方式，分别固定于主梁1/3位置处，每道主梁设置两处吊耳，连接方式如图5-38所示。吊耳钢板选用16mm厚200mm×500mm钢板，主梁上侧钢板与吊耳在工厂内加工完成，螺栓选用M20高强度螺栓，且螺杆长度不得小于70cm，螺栓安装时需紧贴主梁翼缘，与翼缘间不得留有空隙；吊耳长度20cm，吊耳焊缝长度与钢板宽度一致，且吊耳安装位置应与主梁腹板位置保持一致，不得有左右偏差。

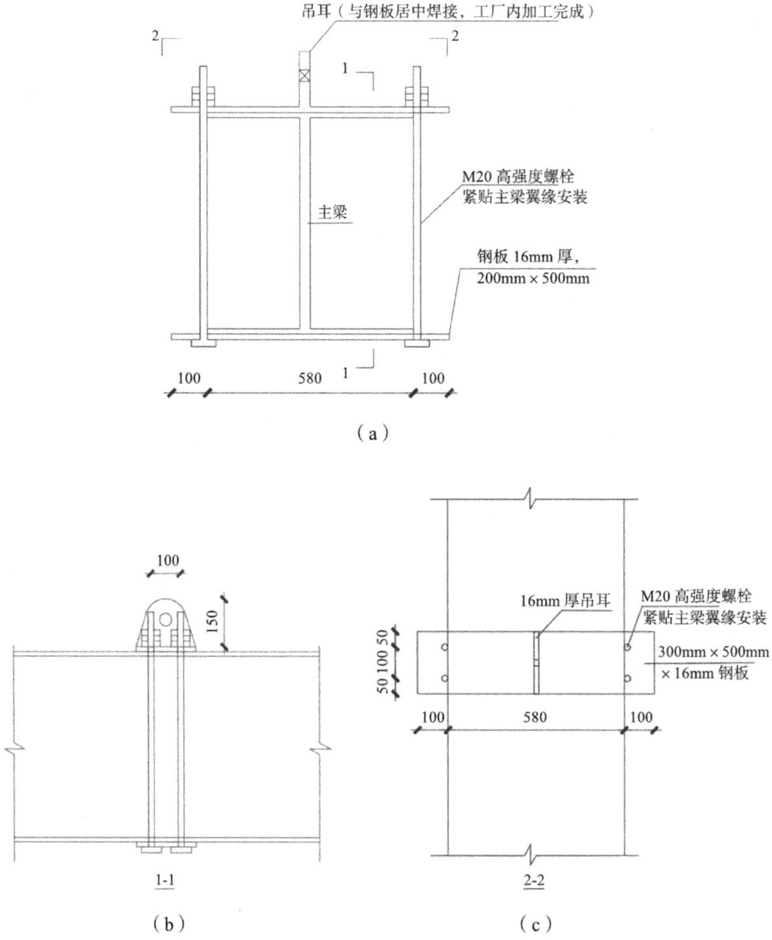

图5-38　吊耳安装节点示意图

吊耳安装完成经验收合格后方可挂钢丝绳，进行后续切割吊装作业。

（7）大飞檐分段切割位置及切割时拆除原则

①分段切割位置

在进行分段时需考虑主梁左右两侧重量一致，防止在切割过程中或切割完成后因主梁两侧重量不一致造成瞬间倾斜而发生危险，因此分段位置位于主梁正中间，可最大程度保证主梁两侧重量一致。

经现场勘察，本工程悬挑大飞檐内部共有 4 道主梁，且主梁间距相同，因此，本工程大飞檐分为四段进行切割，分段示意图如图 5-39 所示，分段尺寸及重量见表 5-3。

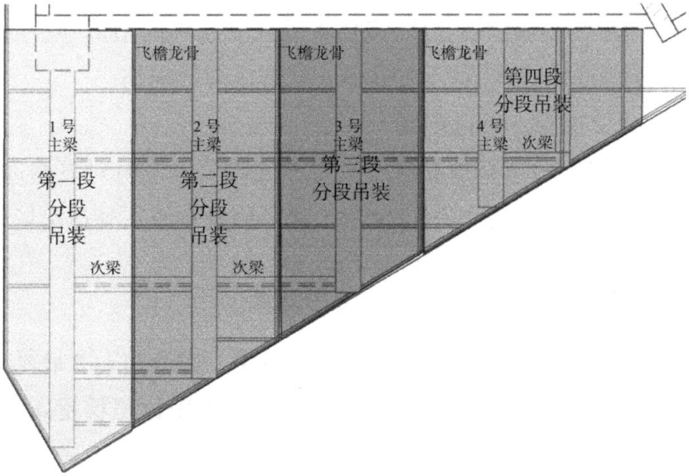

图 5-39　大飞檐分段切割吊装示意图

大飞檐分段尺寸及重量表　　表 5-3

序号	飞檐分段部位	分段面积	分段重量	是否在屋面塔式起重机起重范围内
1	第一段	25.1m²	1811.7kg	是
2	第二段	25.0m²	1783.7kg	是
3	第三段	19.0m²	1304.1kg	是
4	第四段	19.1m²	1202.2kg	是
四段总重量		88.2m²	6101.7kg	—
上层铝板（分段切割吊装前已拆除）		88.2m²	754.1kg	—
飞檐总重量		—	6855.8kg	—

②切割时拆除原则

分段飞檐切割时应严格遵循“由外挑段至内侧，先割飞檐龙骨，再割飞檐次梁，最后割飞檐主梁”的顺序依次进行切割。

（8）起吊至地面

在切割过程中需配备两名信号工，一名位于屋顶大飞檐旁，负责拆除切割过程中随时与塔司保持联系，需及时将飞檐切割情况与塔式起重机汇报。为防止分段飞檐最后几点焊点切割完成后重量突然增大，下沉的重量易对塔式起重机造成安全隐患，所以在切割过程中应不断地给飞檐一个向上的起吊预拉力，当快完全切断时通知塔司慢慢起吊，直到完全断开。

另一名信号工位于地面坠落半径以外视野较好的位置，负责起吊至地面过程中的信号指挥。吊运下的分段飞檐不可放置于场内坠落半径内，以防止其余大飞檐可能坠落的构件对下方拆解人员造成高坠损伤。

（9）地面分解拆除、外运出场

待分段飞檐安全吊运至地面后，由专业气割工人及时对飞檐进行气割拆解，拆解完成后统一运送至封闭垃圾池，随可回收物统一外运出场。

5.5.3 超长悬挑飞檐拆除施工技术应用效果

飞檐作为城市更新项目前期拆除施工中造型、构造和工况最复杂的部分，其拆除施工技术更是城市更新施工技术的关键。本项目超长超高悬挑飞檐在2天内顺利完成拆除，对比搭设悬挑操作平台方案节约施工成本6万元，可为今后城市更新改造工程中飞檐拆除提供经验。

5.6 大跨度框架结构中庭拆除施工技术

具体施工技术实施流程图如图5-40所示。

5.6.1 中庭拆除技术概况

为满足现阶段深受客户青睐的开敞式办公需求，打造高品质写字楼，顺应城市更新的全新格局，鼎好大厦决意更改使用业态，努力成为中关村核心区科创生态新地标。

本工程主要为 2 ~ 11 层平面中部开洞拆除工程，施工面积较大，最大跨度达 11m，拆除难度较大，施工安全系数较大，工期较短仅有 90 天，产生建筑垃圾约 2000m³，梁板拆除约 4800m²，柱拆除每层 3 根，平均尺寸为 900mm × 900mm，长为 5m，共计约 27 根，常规拆除方式难以满足施工要求。

中庭位置拆除后为悬挑结构，需先进行区域满堂回顶架搭设后再进行结构拆除，并进行阶段性沉降监测。本工程改造工程量最大的范围在中庭区域，从首层直通 11 层，通过对中庭拆除工序工艺施工模拟，制定最优方案，同时也通过视频的方式对管理及施工人员进行交底，提高交底效率。结构拆除中庭效果图如图 5-41 所示。

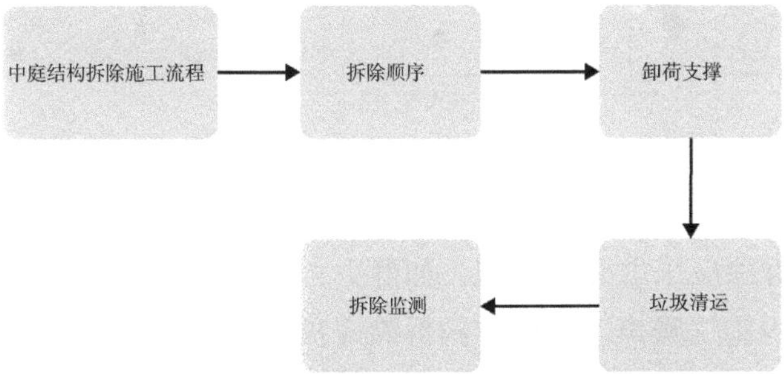

图 5-40　大跨度框架结构中庭拆除施工技术实施流程图

（a）　（b）

图 5-41　结构拆除中庭效果图

1. 中庭拆除概况

中庭位置拆除后为悬挑结构，需先进行区域满堂回顶架搭设后再进行拆除，拆除区域如图 5-42 所示。

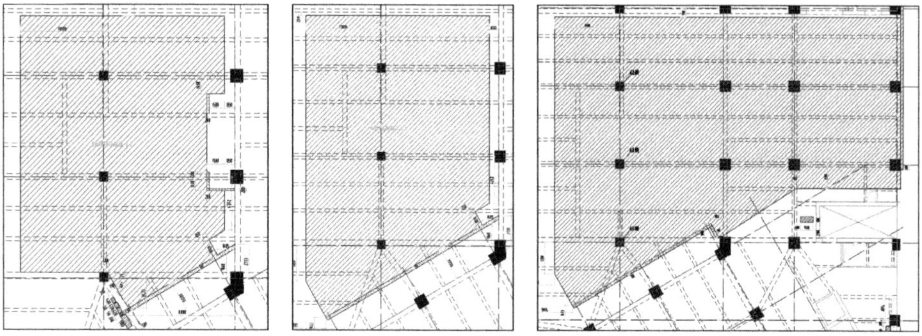

（a）　　（b）　　（c）

图 5-42　中庭拆除布置图

原结构拆除应采取必要措施（如静力方式等），避免保留部分损坏，并应避免或减少施工噪声。另外结构拆除应提前进行拆除区域回顶架体搭设，拆除区域测量放线，楼板、梁、柱分块，之后使用可重复利用吊耳，配合使用简易可移动门式钢架进行辅助拆除并将块体倒运至楼层安全区域，之后配合液压叉车将块体倒运至室内电梯，倒运下楼，外运处理。局部混凝土剔凿时可人工剔凿，严禁用大锤夯砸，不得损坏保留结构，并按节点图要求保留原结构钢筋。混凝土切除或凿除后应及时运走，不得在楼板上堆载。

2. 原结构板、梁、柱拆除方法与简介

拆除过程遵循“由上至下”的拆除顺序，同一楼层遵循“楼板—次梁—主梁—柱”的拆除顺序进行拆除。

拆除方法为楼板采用金刚石圆盘锯进行拆除。整体拆除顺序遵循“先拆除次承载结构，再拆除主承载结构”。平面内拆除顺序为先拆板，再拆次梁，然后拆主梁，最后拆框柱。保留钢筋位置采用电镐进行拆除。梁柱采用绳锯及水钻进行拆除。拆除采用的机具、工具和拆除完成后照片如图 5-43 ~图 5-45 所示。

（a）　　　　　　　　　　　　（b）

图 5-43　简易门式架以及吊耳示意图

（a）　　　　　　　　　　　　（b）

图 5-44　绳锯、圆盘锯示意图

图 5-45　拆除完成后照片

5.6.2 中庭拆除技术实施

1. 中庭结构拆除施工流程

拆除前在拆除区域搭设满堂回顶支撑架体，之后进行拆除区域放线再进行拆除。先拆除板，再拆除梁，最后拆除柱子，梁板拆除保留主筋部分采用风镐人工剔凿，拆除施工工艺流程如下：

临时支撑→定位放线→金刚石墙锯切割楼板→电镐剔凿楼板（保留钢筋）→次梁端部剔凿（保留上铁）→气割配合屋面吊拆除楼板→气割配合拆除次梁→金刚石绳锯配合屋面拆除主梁。

2. 拆除顺序

结构板采用圆盘锯进行静力拆除，拆除顺序采取由东向西单项顺序拆除，或者由中间向两侧顺序拆除。总体拆除顺序为：回顶架体搭设→现场拆除区域放线→现场与 BIM 结合结构分块放线→吊耳以及简易门式架使用→现场切割施工→切割完成吊装→切割完成后块体以及再次利用。

3. 卸荷支撑

根据施工工法的选择，楼板分块切割重量按实际运输情况进行混凝土大小分块（切割分块大小 200kg）。切割分离处保留结构的下部均搭设支撑架，梁、板采用扣件式钢管脚手架进行回顶支撑卸荷，顶部用 U 形托和 50mm × 100mm 方木支顶，同时在沿板纵向搭设剪刀撑增加钢管架的整体刚度（图 5-46 和图 5-47）。

4. 垃圾清运

结构切除块体需使用简易门式钢架吊装运输到安全区域，通过人工液压叉车运输至室内电梯倒运下楼，之后统一运输至场外。

5. 拆除监测

为保证拆除施工过程的安全，需要同步辅以悬挑位置变形监测。

（1）监测内容

①拆除过程中重点监测梁和楼板的变形情况。

②拆除完成后重点监测楼板的变形情况。

（2）监测设备

根据工程的实际需要，为确保工程的顺利进行，本工程拟投入的仪器设备，见表 5-4。

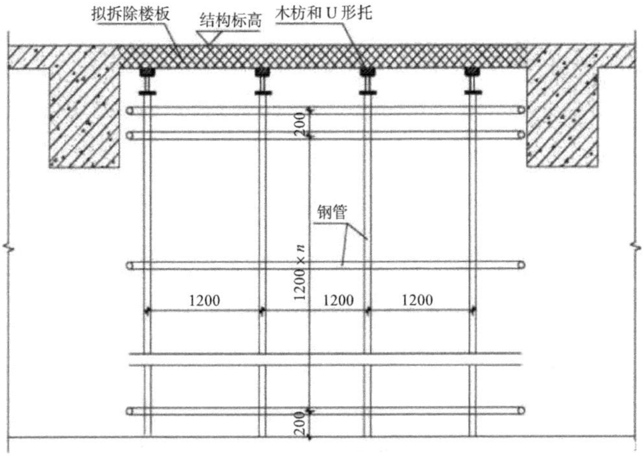

图 5-46 楼板卸荷支撑

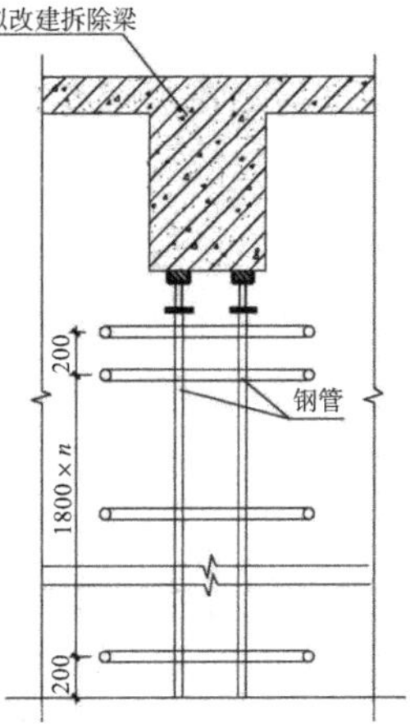

图 5-47 梁卸荷支撑

拟投入本项目仪器设备一览表 表 5-4

序号	设备名称	型号规格	数量	国别产地	出厂日期	备注
1	水准仪	DINI03 精密电子	3 台	德国	2016 年 2017 年	变形监测
2	电锤	电锤	2 台	国产	2017 年	安设观测点
3	数码相机	SONYF717	1 台	日本	2017 年	现场图像采集
4	计算机	Pentium IV、DELL	4 台	国产	2016 年	数据处理、分析
5	绘图输出设备	HP	2 台	美国	2017 年	数据输出

5.6.3 中庭拆除技术应用效果

伴随城市的快速发展，城市更新成为主要潮流，更改建筑业态，打造高品质办公楼，采用开放式中庭的形式适应各大企业的需求与转变方向。本项目在中庭拆除过程中发明总结了不同跨度简易活动门式桁架、可重复利用吊耳等进行无损静力拆除，施工简易灵活，安全系数提高，同时施工效率也有所提高，施工工期加快。拆除规则块体可硬化场地，周转利用，降低成本，可为其他结构拆除工程提供借鉴和参考。

5.7 悬空吊柱加固施工技术

具体施工技术实施流程图如图 5-48 所示。

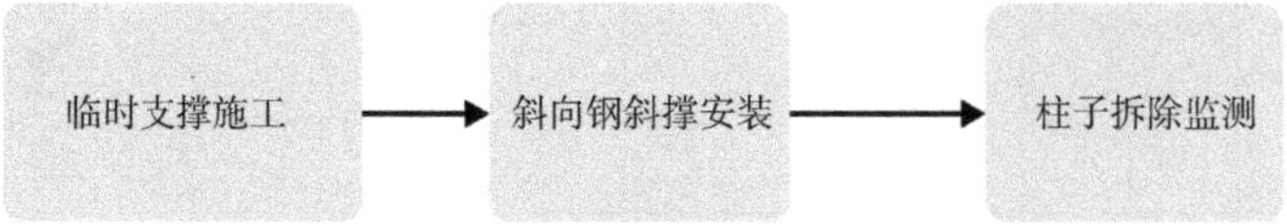

图 5-48 悬空吊柱加固施工技术实施流程图

5.7.1 吊柱加固施工技术概况

吊柱施工，保留上部混凝土平台的拆除加固设计方案，实现“空中楼阁”的设计意图。吊柱位于 9 层，9 ~ 10 层柱子保留，1 ~ 8 层柱子拆除，在 9 层采用钢斜撑将断柱与附近柱子进行斜拉，形成 9 ~ 10 层柱子悬空。

吊柱加固施工技术难度极大，钢斜撑要承受 3 层结构荷载，结构有丝毫变形就会产生裂缝甚至过大挠度，施工中精度控制和质量是一大难题。吊柱斜撑加固一端固定在 8 层原有柱端，一端固定在 9 层原有柱端，各采用环向抱箍与原有梁柱锚固，各有纵、横向 6 道加劲肋，6 根高强度后扩底锚栓，10 根超长对穿螺栓，焊口长度 20m，分布在不足 $2m^2$ 的柱端节点处。节点设计复杂给施工带来了极大的难度。断柱的瞬间会产生较大的瞬间应变，临时支撑、变形监测控制以及节点施工工序工艺的控制尤为关键。

首先施工前在 8 层对上部结构安装竖向临时卸荷钢支撑，在 10 层安装斜向临时钢斜撑。临时卸荷支撑施工完毕后施工钢斜撑。施工断柱前需埋板与原结构柱间灌浆料达到强度。断柱后对柱子下部节点进行加固施工，结构胶达到设计强度后方可拆除临时支撑。临时支撑拆除后，对竖向位移进行变形监测。吊柱加固施工节点复杂，危险系数高，技术难度大。吊柱三维模型图如图 5-49 所示，钢斜撑安装平面位置及立面图如图 5-50 和图 5-51 所示。

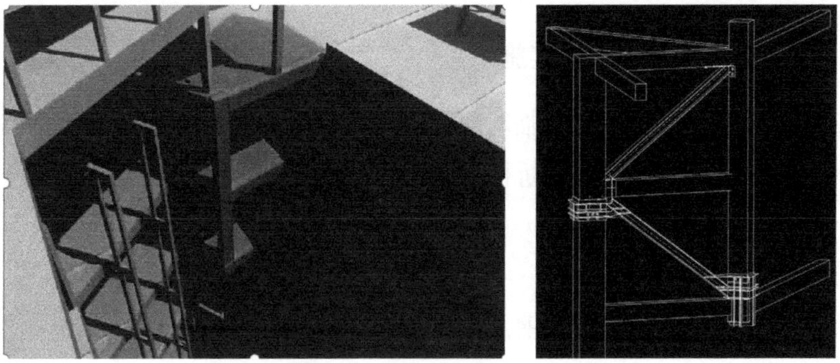

图 5-49　吊柱三维模型图

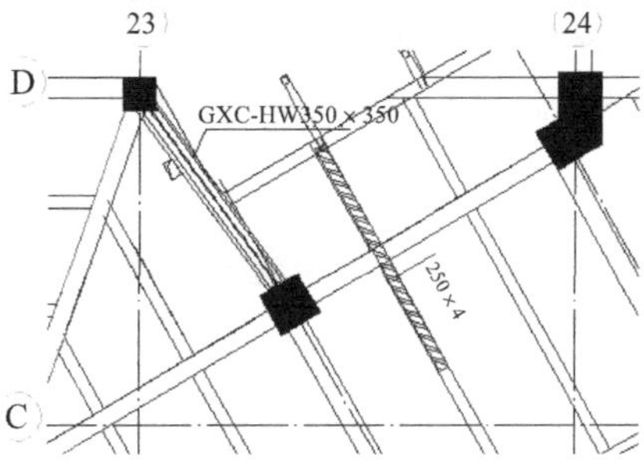

图 5-50　钢斜撑安装平面位置图

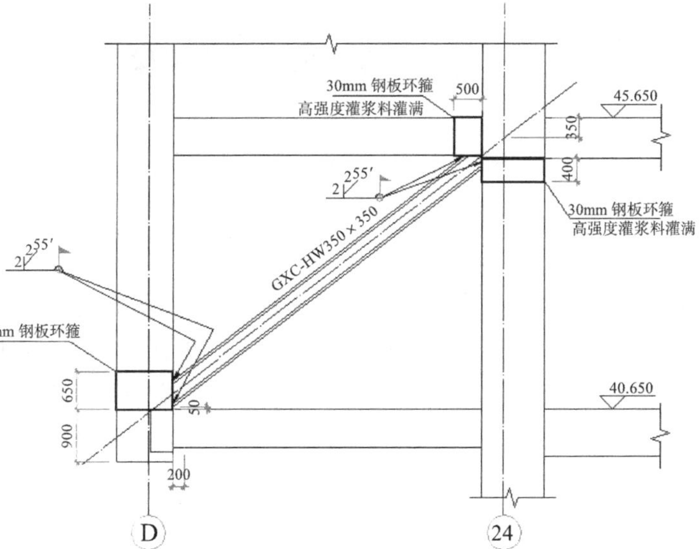

图 5-51　钢斜撑立面图

5.7.2 吊柱加固施工技术实施

整体施工流程：8层竖向临时钢斜撑与10层斜向临时斜撑安装→斜向钢斜撑安装→8层断柱施工→断柱下方加固节点施工→临时支撑拆除→变形监测。

1. 临时支撑施工

临时支撑采用18号工字钢，在距23/D轴柱子南侧50cm处梁上与距23/D轴柱子东南侧50cm处梁上设两道工字钢临时支撑。临时支撑钢梁通过4根M20化学锚栓与结构连接，缝隙处采用灌浆料灌实。斜向临时支撑采用HW350mm×350mm钢梁，通过化学锚栓与框架柱连接。结构与钢板间缝隙用灌浆料灌注密实。竖向临时支撑平、立面图如图5-52所示。

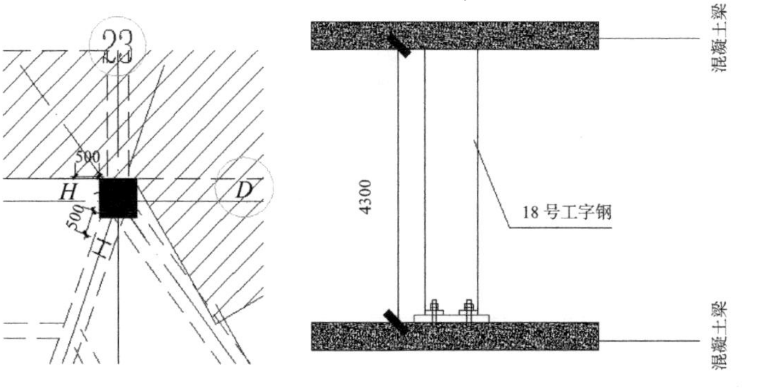

图5-52 竖向临时支撑平、立面图

2. 斜向钢斜撑安装

钢斜撑加固节点复杂繁琐，支撑安装前应对现场进行复尺，加工钢材，做好前期准备工作，对其进行认真表面检查，防止有变形过大、焊缝开裂等质量问题的钢管被投入使用，造成安全隐患。钢支撑拼装在现场进行，确保每根螺栓都能收紧、固死。吊装前再次检查各节点的连接状况。

（1）放样定位

钢斜撑安装之前，预制件根据施工图纸要求进行放样，放样和号料应根据要求预留制作和安装时的焊接收缩余量及切割、刨边等的加工余量。

放样的允许偏差应符合表5-5规定。

放样允许偏差　　表5-5

项目	允许偏差
平行线距离和分段尺寸	± 0.5mm
对角线差	1.0mm
宽度、长度	± 0.5mm

（2）打孔、清孔

钻孔按照设计图纸要求明确螺栓锚固位置、成孔直径及锚固深度。

钻孔完成后，将孔周围灰尘清理干净，用气泵、毛刷清孔。

（3）植栓、灌胶

本工程为对穿螺栓，灌胶时应注意不得有空鼓现象。

（4）埋件安装、围焊

必须使用与结构用钢材质相匹配的焊条。焊接时，需按设计要求的焊接型、焊接位置、焊接高度等具体要求进行焊接。焊缝转角宜连续绕角施焊，起落引弧点距焊缝端部大于10mm。

（5）钢构件的制作、运输与安装

钢构件的制作：钢板需固定在结构柱上，拆除柱子表面装饰层，清理柱子表面，露出坚实面层。现场实际测量基础顶至肋梁底的净高度，进行标记编号。根据测量结果，在加工厂内进行钢构件制作，为便于安装，构件高度（含锚板及顶部承压板）为$H_{净}=H_{实测}-3cm$，安装完成后的空隙使用钢楔块顶紧。

运输：钢支撑位于楼上9层，构件进入现场后由塔式起重机通过中庭洞口倒运至安装区域。

吊运机械：由导链在安装区域配合吊装作业。

（6）钢梁安装

①施工准备。

②放线测量。

③基础检查。

④基础处理。

⑤支撑安装。

结构柱拆除：拆除前径向原结构梁搭设钢支撑，先拆除板与环向肋梁，最后拆除径向肋梁。柱拆除保留主筋部分采用风镐人工剔凿；施工前应对所使用的钢筋、锚栓、粘结胶、机具等做好施工前的准备工作。

检查被植筋和锚栓打孔位置混凝土表面是否完好，如存在混凝土缺陷则应将缺陷修复后才可植筋。

拆除施工工艺流程如图 5-53 所示。柱子拆除完成后工况如图 5-54 所示。

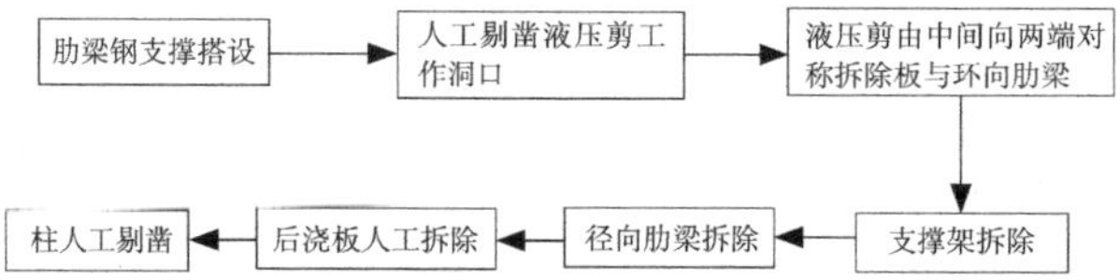

图 5-53　拆除施工流程

(a)　　(b)

图 5-54　柱子拆除完成后工况

梁板柱混凝土结构切割运输：除结构柱切除需吊装运输的区域外，其余区域先采用静力切割与原结构分离，再切割为不超过 1.5t 的小块，通过吊链和人工液压叉车运输至室内电梯倒运下楼。

3. 柱子拆除监测

由于施工的特殊性，在布设点位的时候应充分考虑施工顺序和施工进度，避免监测点遭到破坏。本项目拟布设监测点于悬挑梁端头之上，监测点数为 1 个测点 / 梁，同层需拆除的梁统一设置观测点，8 层顶 C-D/23-24 轴位置需保留的梁上设置 1 道检测点，相邻位置不拆除的柱子设置一道基准点。

本项目监测点拟设要求如下：

（1）监测点布设后应喷涂醒目的说明文字，向施工人员告知其用途。

（2）施工过程中不得人为破坏监测点，保证正常使用以及精度。

（3）监测点布设后，不得在监测点周围堆载施工材料、垃圾等影响通视条件的物资。

（4）监测点破坏后、周围堆载后，应当及时知会监测单位 / 项目管理单位，修复或者重新选址。

（5）本项目拟布设监测点于悬挑梁端头之上。

本监测项目拟布设主体监测点位于建筑物内部，高于楼层底板 50 ~ 100mm 处，采用的监测点如图 5-55 所示。

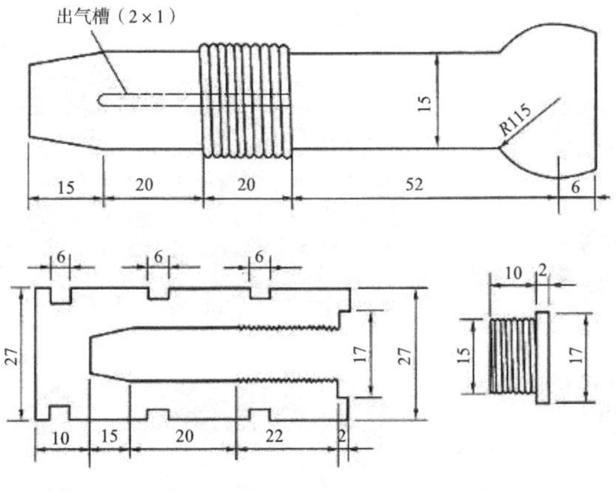

图 5-55　监测点细节示意详图

首次观测的沉降观测点高程值是以后各次观测用以比较的基础，精度要求非常高，施测时一般用精密水准仪，并且每个观测点首次高程应在同期观测两次后决定。

各次观测记录整理检查无误后，进行平差计算，求出各次每个观测点的高程值，从而确定出沉降量。

某个观测点的每周期沉降量：$\Delta C_n = H_h - H_{hI}$

式中，n 表示某个观测点；I 表示观测周期数（I=1，2，3……）；H_h=H_0，表示初始高度；H_{hI} 表示第 I 周期的高度。

累计沉降量：$\Delta C = \sum \Delta C\ (n)$。

每周期观测后，应及时对观测资料进行整理，计算观测点的沉降量、沉降差以及本周期平均沉降量和沉降速度。检测周期内，将上个监测周期内的数据按时提交至项目部，监测工作结束后将数据汇总处理并提交总结报告。

5.7.3 吊柱加固施工技术应用效果

采用吊柱加固施工技术，实现了复杂节点的施工，化解了安全风险。经过对现场拆除结构以及悬挑结构的连续观测，按时完成所有拆除作业，结构最大变形 12mm，结构变形控制良好，满足设计要求，实现了“空中楼阁”的设计意图。吊柱加固完成照片如图 5-56 所示。

图 5-56　吊柱加固完成照片

5.8　复杂单元体幕墙体系挂装施工技术

具体施工技术实施流程图如图 5-57 所示。

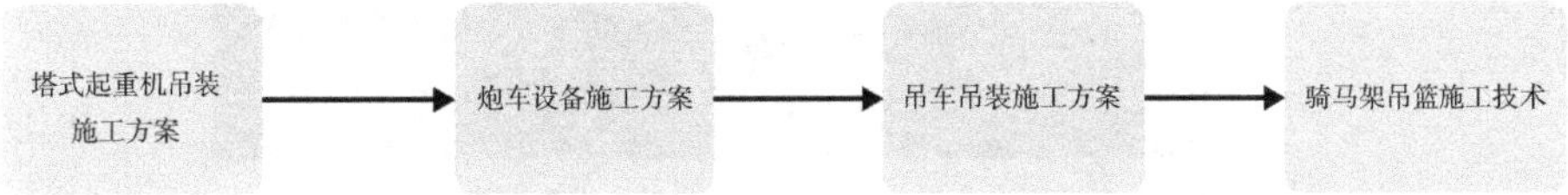

图 5-57　复杂单元体幕墙体系挂装施工技术实施流程图

5.8.1　单元体幕墙体系挂装施工技术概况

本工程外幕墙采用单元体幕墙体系与框架幕墙体系结合的形式，总体设计采用日系建筑设计方案，将高品质办公理念与高端大气的风格融合，打造出一个拥有独特风格的高档办公楼。由于本工程场地狭小，工期紧张，外立面建筑形式复杂，部分框架结构、剪力墙结构，给幕墙的挂装带来了极大的难度。项目外幕墙工程的特点为标准高、体量大、工期紧，共计 2700 余块单元板块，累计面积约 24000m^2，总体施工时间仅为 4 个月。

根据项目特点及工况条件，采用吊车、屋面塔式起重机与炮车相结合的形式安装单元体幕墙。各施工面施工方式如表 5-6 和图 5-58 所示。

各施工面施工方式　　　　表 5-6

	北立面	西立面	南立面低区	骑楼	东立面	南立面高区
施工区						
安装措施	屋面塔式起重机	屋面塔式起重机	屋面塔式起重机	—	屋面塔式起重机	屋面塔式起重机
	炮车	炮车	炮车	—	炮车	炮车
	吊篮	吊篮	吊篮	吊篮	吊篮	吊篮
		吊车	吊车	吊车		

采用屋面塔式起重机施工　　采用炮车施工　　采用吊车施工

图 5-58　各施工面施工方式示意图

根据本工程的结构特点及由幕墙施工图分析，初步确定的施工方法如下：塔楼外立面单元幕墙安装，拟采用三种形式相结合方式进行吊装：

1. 屋面塔式起重机：主要用于塔楼外立面幕墙吊装。

2. 炮车设备：主要安装在南面 12 层顶、屋面顶及楼层内位置（在塔式起重机未闲置时补充使用）。

3. 汽车起重机：主要用于西立面（12 层以下）、南立面（低区）、连廊部位单元板块吊装。

在单元体幕墙在挂装完成后，外立面通上设置幕墙装饰条，装饰条截面尺寸较大、重量较大，需要一个可靠的操作平台以保证其施工安全性；塔楼屋面和裙楼屋面机电管线及设备基础较多，若设置常规标准吊篮将严重制约机电管线设备的安装，影响屋面工期，对此，项目在勘查现场后发现可在塔楼屋面四周混凝土花架梁以及裙楼屋面边缘钢梁上安装骑马架吊篮，既能保证装饰条及后续打胶工作顺利完成，同时不对屋面各专业施工造成制约，确保项目工期。

5.8.2　单元体幕墙体系挂装施工技术实施

1. 塔式起重机吊装施工方案

本项目外幕墙以单元体板块居多，因现场场地有限，对文明施工要求较高，为尽最大限度节约现场场地、节省工期、规范单元体施工流程，考虑现场大面单元体板块利用安装在屋面位置的塔式起重机设备进行吊装。

最大单元体板块的重量为：≤ 1.2t，1 号塔式起重机 R=42m，2 号塔式起重机 R=46m。根据塔式起重机性能表数据（详见塔式起重机性能表）满足吊装施工要求。

2. 炮车设备施工方案

炮车由一只移动式炮车架、卷扬机、滑轮和若干配重块等组成。

根据最大板块的重量≤ 1.2t 及吊装加速度计算，选择起重重量为 3t 的卷扬机，型号为 JK-3，提升速度为 16m/min，配 ϕ 14mm 钢丝绳，三级封闭式齿轮减速箱，牙嵌式联轴节驱动卷筒。电磁制动吊装过程中，将此炮车用安全绳在结构柱上固定，以防吊装过程中炮车震动滑落。

3. 吊车吊装施工方案

汽车起重机主要用于西立面（12 层以下）、南立面（低区）、连廊范围单元玻璃板块吊装。吊装最高点标高为 58.77m，结合现场实际情况及单元板块最大重量≤ 1.2t 和场地状况，采用 80t 吊车（此吊车长 15m，宽 3m，高 4m，支腿间距纵向 8.1m，横向 8m；吊车自重 66t）起吊。

4. 骑马架吊篮施工技术

（1）生根在混凝土梁上的骑马架吊篮安装技术：

生根在混凝土骑梁式吊篮安装在塔楼南立面(A 轴 -J 轴及 24 轴 -26 轴)、西立面（24 轴 -26 轴）、东立面（2/0A 轴 -5/0A 轴）、北立面（B 轴 -G 轴及 H-J 轴）屋面顶部，塔楼顶部其余部分采用标准吊篮。生根在混凝土梁骑梁式吊篮安装位置图如图 5-59 所示（即虚线区域内为是生根在混凝土梁骑梁式吊篮）。

（2）生根在钢结构梁骑梁式吊篮安装工艺

生根在钢结构梁骑梁式吊篮安装在裙房南立面、西立面（21 轴 -23 轴）屋面顶部，西立面（23 轴 -24 轴）采用穿楼板式吊篮，生根在钢结构梁骑梁式吊篮安装位置图如图 5-60 所示（即虚线区域内为是生根在钢结构梁骑梁式吊篮）。

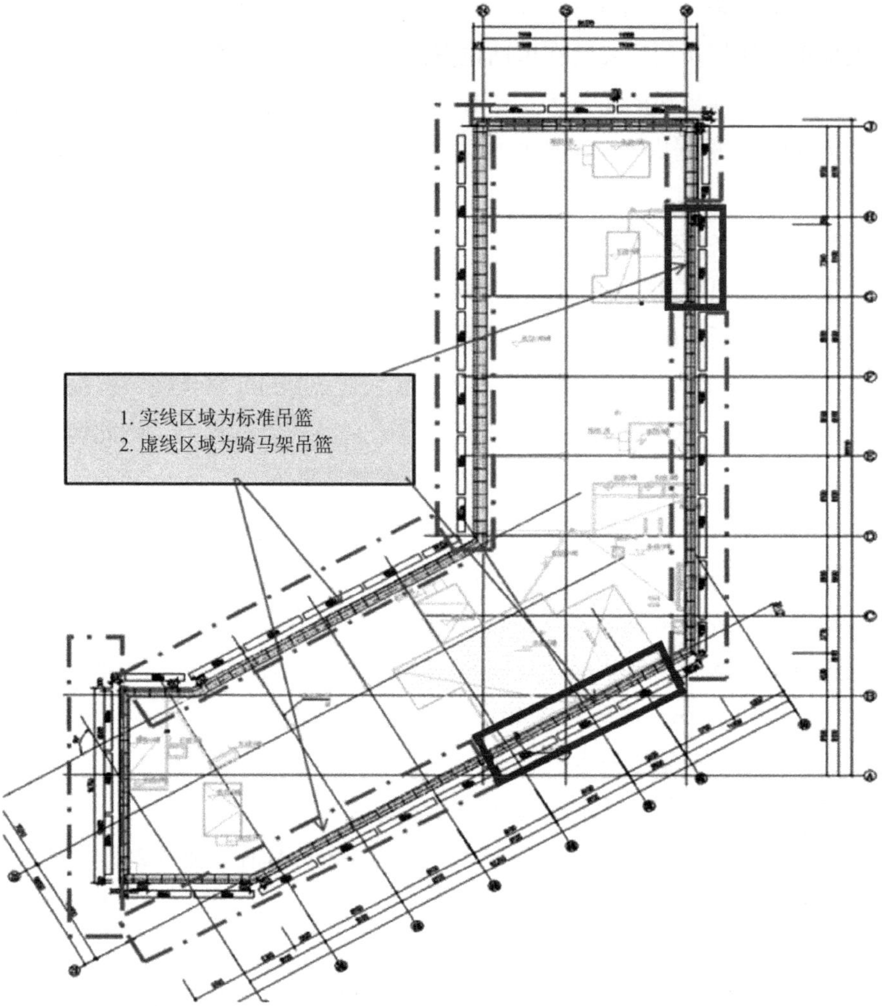

图 5-59 塔楼区域骑马架吊篮布置区域图

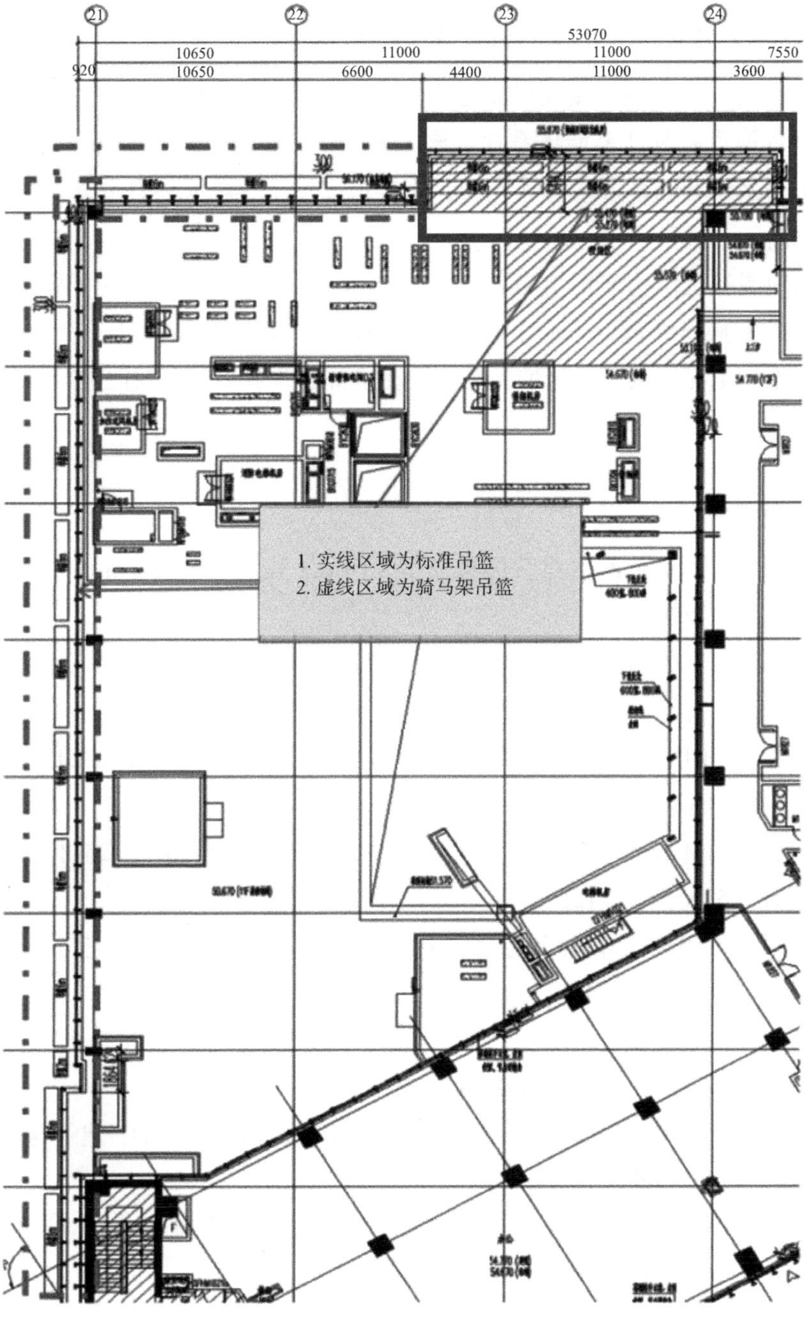

图 5-60 裙房区域骑马架吊篮布置区域图

5.8.3 单元体幕墙体系挂装施工技术应用效果

通过汽车起重机、屋面塔式起重机、炮车等 3 种形式的幕墙安装方法，因地制宜地克服复杂幕墙体系挂装施工的难题，保证了安全，节约了工期，实现了高品质幕墙系统的完美亮相，为类似改造工程单元体幕墙安装提供了借鉴思路。

采用混凝土结构与钢结构组合骑马架吊篮、高支腿吊篮、穿楼板吊篮等多种形式的操作吊篮，适应不同外立面构造形式的变化，保证了安全作业，克服了不利工况作业面的困难，有效推动了幕墙改造工程高效地进行。

本章参考文献

[1] 刘昊 . 基于点云的古建筑信息模型（BIM）建立研究 [D]. 北京：北京建筑大学，2014.

[2] 刘雪可 . 基于 BIM 的既有建筑改造管理研究 [D]. 徐州：中国矿业大学，2019.

[3] 高德昊 . BIM 技术在建筑设计中的应用研究——评《建筑工程 BIM 概论》[J]. 工业建筑，2020，50（09）：186.

[4] 刘萍 . BIM 技术在建筑设计中的应用及推广策略分析 [J]. 建材与装饰，2018，535（26）：122.

[5] 崔颖锐 . BIM 技术在建筑设计中的应用及推广策略 [J]. 住宅与房地产，2020，563（4）：84.

[6] 王廷魁，胡攀辉，杨喆文 . 基于 BIM 与 AR 的施工质量控制研究 [J]. 项目管理技术，2015，13（05）：19-23.

[7] 刘海宁 . 建筑工程绿色施工技术的现场实施及动态管理 [J]. 建筑与预算，2021，301（05）：77-79.

[8] 余豪 . 建筑工程绿色施工技术的现场实施及动态管理分析 [J]. 住宅与房地产，2020，594（33）：115-116.

[9] 窦艳 . 建筑工程绿色施工技术的现场实施及动态管理研究 [J]. 建筑技术开发，2020，47（17）：64-65.

第6章

six

城市更新融资模式

城市更新是一项系统性工程，具有资金需求大、涉及利益主体多、规划程序复杂、开发周期和收益回报不确定等特点，对实施主体的投资融资能力要求高。城市更新项目顺利实施的关键是推进城市更新项目的科学分类，构建可行的收益回报机制，选择匹配的投融资模式。城市更新项目根据“更新程度”的不同，其投资融资模式和资金来源也不同。同时，如何改善企业的盈利水平，提高企业的运营状态，使金融资源可以合理地运用，这都与企业管理有着直接的关系。本章介绍了政府主导，政府主导、多方参与，市场主导三种融资模式，并重点介绍了鼎好特有的融资方式和改造、运营策略。

6.1 政府主导的融资模式

6.1.1 财政拨款

以政府部门为实施主体，利用财政资金直接进行投资建设（图 6-1）。其建设资金主要来自于政府财政的直接出资。这种模式适用对象为资金需求不大的综合整治项目、公益性较强的民生项目、收益不明确的土地前期开发项目。

优势是项目启动速度快，政府容易进行整体把控；劣势是财政资金总量有限，更新强度一般不高。

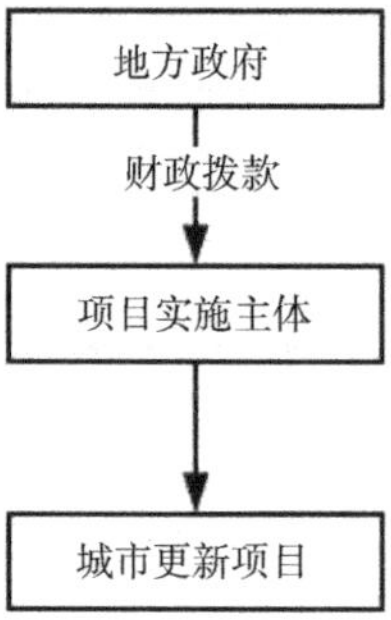

图 6-1　财政拨款

案例：2018 年南京市玄武区香林寺沟片区环境综合整治工程

该项目由玄武区建设房产和交通局负责实施，包含河道景观工程、游园绿地工程、建筑立面出新、街巷整治工程等。项目总投资 4.1 亿元，资金来源为财政资金。

6.1.2　城市更新专项债

以政府为实施主体，通过城市更新专项债或财政资金 + 专项债形式进行投资（图 6-2）。城市更新专项债券主要收入来源包括商业租赁、停车位出租、物管等经营性收入以及土地出让收入等。该种模式适用对象为项目具有一定盈利能力，能够覆盖专项债本息，实现资金自平衡。

优势是专款专用，资金成本低，运作规范；劣势是专项债总量较少，投资强度受限，经营提升效率不高。

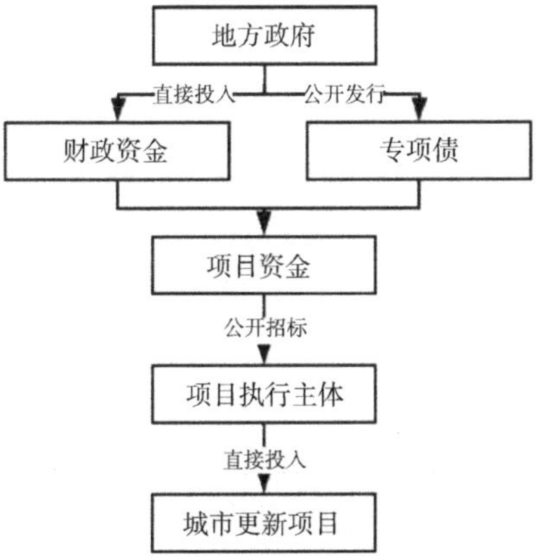

图 6-2　财政拨款 + 城市更新专项债

案例：2020 年 9 月青岛市政府发行第二十六期政府专项债券

2020 年 9 月，青岛市政府发行第 26 期政府专项债券，涉及济南路片区历史文化街区城市更新项目。项目预计总投资 11.6091 亿元，其中政府专项债券融资 8.5 亿元，占总投资的 73.32%。项目收入主要为房间租金收入、商业租金收入等。项目偿付能力收入为债务融资本息的 1.31 倍。

6.1.3　地方政府授权国企

以地方国企为实施主体，通过承接债券资金与配套融资、发行债券、政策性银行贷款、专项贷款等方式筹集资金（图 6-3）。项目收入来源于项目收益、专项资金补贴等方面。

该种模式适用对象为需政府进行整体规划把控，有一定经营收入，投资回报期限较长，需要一定补贴的项目。

优势是可有效利用国企资源及融资优势，多元整合城市更新各种收益，能承受较长期限的投资回报；劣势是收益平衡期限较长、较难，在目前国家投融资体制政策下融资面临挑战。

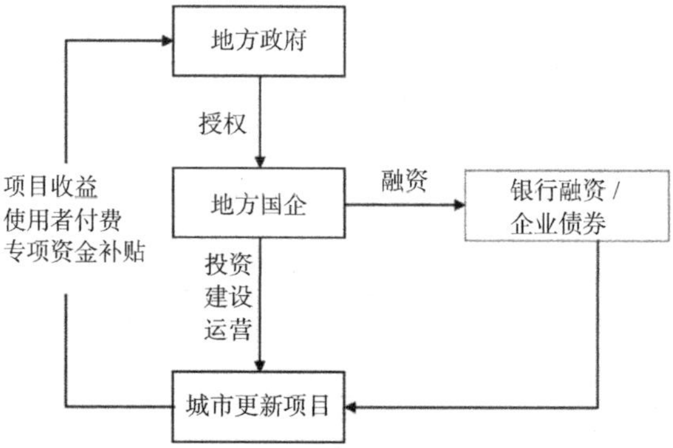

图 6-3　政府授权国有企业

案例：南京石榴新村城市更新项目

2020 年 6 月，石榴新村作为南京第一个城市更新试点项目正式启动。委托南京秦淮区人民政府、城市建设集团作为项目实施主体，项目收入来源包括居民改造等收入，增加规模的销售和开发，项目可使用经规定的住宅专项维修资金，国家和省级旧村改造、棚改等专项资金，并拨出城市更新改造资金、区财政等。融资方式为南京越城建设集团自筹资本金，并通过银行贷款进行融资。

6.2　政府主导、多方参与的融资模式

6.2.1　PPP 模式

PPP（Public-Private Partnership）模式，是从国外引进并在我国快速发展

的新型投资融资模式。PPP 模式表示公众与私人之间的合作关系，以公益性和公共类基础设施项目的建设为出发点，通过企业与政府构建的合作关系，将政府掌握的公共资源项目对企业开放；企业通过参与项目投资、建设、运营、维护等全生命周期过程，与政府形成深度合作，将企业高质量、高水平的投建管一体化能力运用到政府公益性基础设施项目；政府通过行政手段监管项目全过程，同时引入社会公众进行监督，以合理配给优质资源（图 6-4）。

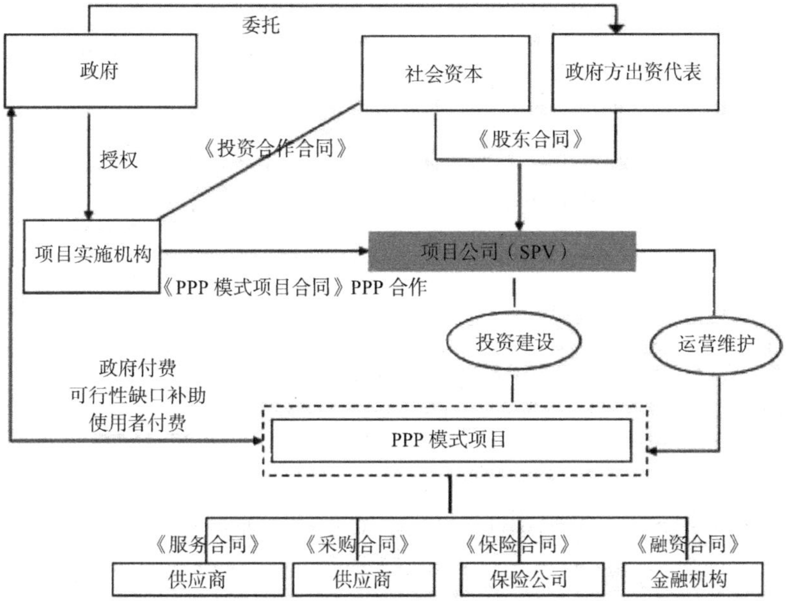

图 6-4　PPP 模式

优势是市场化运作，引入社会资本提高更新效率及经营价值，风险收益合理分摊，减轻政府财政压力；劣势是受 10% 红线影响，运作周期较长，符合 PPP 模式回报机制的项目偏少。

在 PPP 模式项目中，社会资本可参与项目初步筛选、立项、招采、实施、运维的全过程。一般而言，政府可通过竞争性手段，例如公开招标等挑选有资格的社会资本方作为合作伙伴，通过签订一系列合同，在平等协商的原则下，由社会资本为政府提供公共服务，而政府通过付费、可行性缺口补贴或使用者付费等方式偿还社会资本服务，在付费的同时对社会资本的全阶段进行绩效考核。PPP 模式不仅是一种高效的融资手段，还是地方政府推动公益性或准公益性基础设施建设项目的合法合规途径，能有效地避免政府隐性债务等问题。常见的 PPP 模式中也包括“建设—经营—转让”模式（BOT，Build-Operate-Transfer）、“建设—拥有—运营”模式（BOO，Building-Owning-Operation）、“建设—拥有—运营—移交”模式（BOOT，Build-Own-Operate-Transfer）、“移交—经营—移交”模式（TOT，Transfer-Operate-Transfer）、“重构—运营—移交”模式（ROT，Restructure-Operate-Transfer）等多种形式的合作模式。

案例：重庆市九龙坡区城市有机更新老旧小区改造项目

2020 年 9 月，重庆市九龙坡区城市有机更新老旧小区改造项目采用 PPP 模式进行，社会资本方为北京愿景华城复兴建设公司、核工业金华建设集团、九源国际建筑公司，政府出资方为渝隆集团，双方共同出资建设 SPV 项目公司，总投 3.7180 亿元，采用 ROT 模式运作，合作期限 11 年，回报机制为可行性缺口补助。

6.2.2 地方政府 + 房地产企业 + 产权所有者模式

由地方政府负责公共配套设施投入，房地产企业负责项目改造与运营，产权所有者协调配合分享收益（图 6-5）。通过三方合作，既能够有效加快项目进度，也能提升项目运营收益。该种模式适用对象为盈利能力较好、公共属性及配套要求较强、项目产权较为复杂的项目。

优势是整合各方资源优势，较快解决更新区域产权问题，推进项目有效运营；劣势是涉及主体多，协调难度高，往往受村集体影响较大。

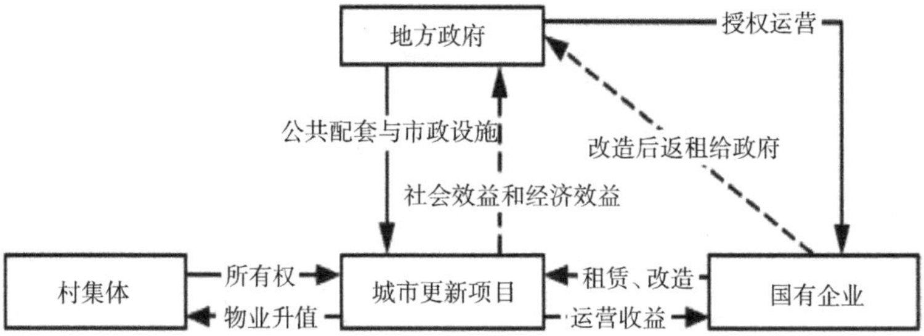

图 6-5　地方政府 + 国有 / 房地产企业 + 产权所有者

案例：深圳市福田区水围村综合整治项目

该项目项目管道燃气、给水排水管网、供电系统等公共配套部分由区政府出资，村民楼改造部分，由水围村集体股份公司、深业集团和福田区住建局共同签订合同，约定水围村公司将 29 栋楼 2 层以上物业的使用权移交给深业集团，由深业集团负责房屋改造、运营，同时向水围村公司定期缴纳租金，2 层及以下物业保留集体使用权；福田区住建局担任项目监理人，在项目改造完成后向深业集团租赁其负责的物业作为区属公共租赁住房，定向分配福田区相关企业的员工使用。该项目实现了经营收益、各方共赢。

6.2.3 "投资人 +EPC"模式

EPC 即 Engineering Procurement Construction，"投资人 + EPC"是社会资本以投资人的身份参与政府基础设施建设项目，通过投资人身份锁定项目，进而在两招并一招的情况下，通过 EPC 的方式承接施工项目（图 6-6）。"投资人 +EPC"从狭义上理解类似股权投资类的"F+EPC"，常见于片区开发项目中，但在《政府投资条例》发布后，又能有效规避"F+EPC"对地方政府新增隐性债务的风险。在片区开发项目中，投资人往往通过组建 SPV（Special Purpose Vehicle）公司，以股权投资的形式获取项目的特许经营权，通过片区的一级开发带动基础设施建设，进而获得大量的施工项目，然后再通过成熟区域的土地出让金等预算收入进行项目运作的回款。在一级开发完成后，投资也可以通过 SPV 公司或新成立公司实施区域内成熟地块的土地二级开发，以此获取土地二级市场开发回报。

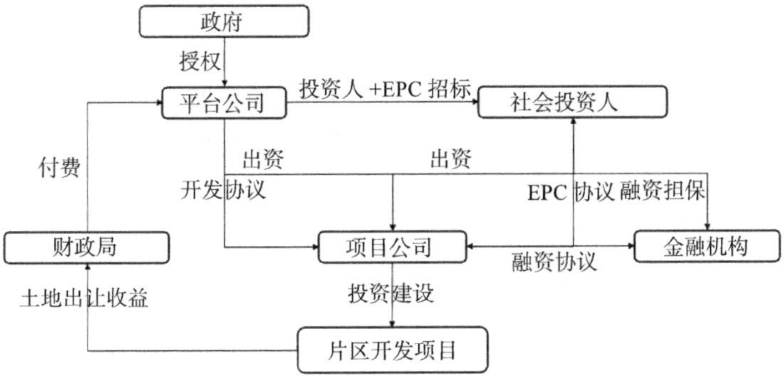

图 6-6　投资人 +EPC 模式融资

案例：广东东源县城乡基础环境综合提升工程项目

广东省东源县城乡基础设施环境综合整治项目投资金额超过40亿元。项目采用“投融资+设计施工总承包+运维服务”（投资方+EPC+O）的模式。建设内容包括土地综合整治、饮用水工程建设、环保基础设施建设等。东源县政府授权东源县城乡建设投资公司作为项目投资主体，通过对外招标，与中标联合体（中铁二十三局集团、中铁建发展集团等）组建项目公司，项目回报为农田垦造指标交易等。

6.2.4 ABO模式

ABO模式，即政府授权（authorize）、企业建设（build）、企业运营（operate），地方政府为更好地将项目委托给企业进行全生命周期的投建管一体化，通过授权的方式将项目委托企业进行投资、建设、运营管理（图6-7）。常规操作下，地方政府会委托给某一地方国有投融资平台，通过该平台公司以竞争性方式招选社会资本进行合作，引入资金背景雄厚、技术实力强、管理水平高、产业导入能力强的社会资本企业，共同对项目进行投资建设管理。目前，国家尚未制定相关的制度规定对ABO模式进行规范化管理，原因在于该模式仍存在一定增加地方政府隐性债务的风险。地方资本与社会资本间利用强有力的契约关系，合理的投资融资模式和项目投入产出方式，可以较好地规避新增地方隐性债务的风险。目前而言，以京投集团首创的ABO模式，仍具备很强的创新性与不确定性。

6.2.5 “EPC+O”模式

“EPC+O”模式为集设计、采购、施工、运营管理为整体的项目总承包模式。该模式为EPC项目的运营化，通过将EPC项目向运营端延伸，提高社会资本对项目质量的保障性，其不仅需要保障项目建设完成，还要保障项目在一定年限内的规划能够合理正常地运营。“EPC+O”不仅能引入专业的建设运营团队，降低政府在运营过程中的管理风险，还能提高项目的利用率，节省项目总的成本支出，避免浪费。该模式往往通过政府直投的方式启动，政府资金来源有政府财政资金及政府专项债或市场化融资等解决。建筑企业通过参与项目的建设进而过渡到项目运营，极大地提高了项目的稳定性与适配性，

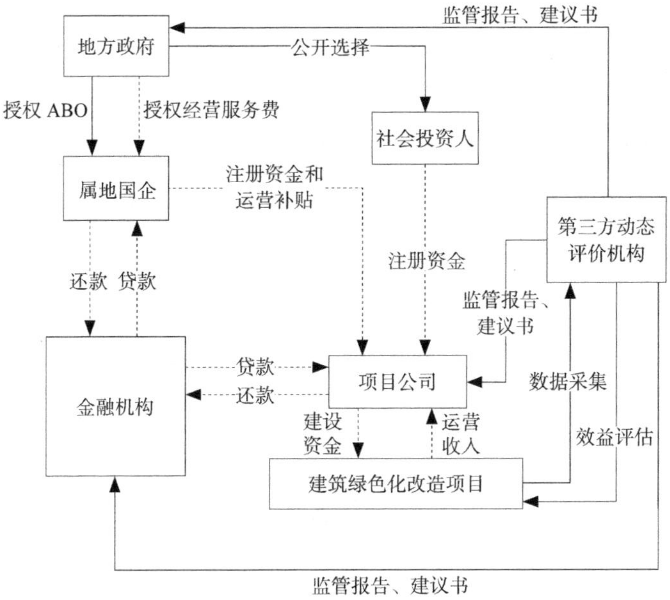

图 6-7　ABO 模式融资

有效降低了项目建设运营成本，提高了项目全周期运营效率，规避了各类项目纠纷的发生。

PPP 模式和 EPC+O 模式的区别见表 6-1。

PPP 模式和 EPC+O 模式区别　　表 6-1

	PPP	EPC+O
投融资主体责任	经法定程序选定的社会资本方或项目公司	政府方
资产所有权	项目合作期内，根据 PPP 合同资产所有权可以为项目公司或政府方所有	自始至终均为政府方所有
回报机制	投资建设成本在建设期投入，到运营期才能收回，具有投资行为特征	承包商在相应阶段分别获取设计费、建安费用和运营利润，具有提供采购乙方服务特征
风险分配	承担投融资风险、政府审批风险、土地获取风险，运营收入风险	承担设计，采购，施工和运营收入风险
采购程序	应编制“两评一案”，同时纳入财政部 PPP 综合信息平台项目库，通过相关审批程序方可进入采购程序遴选社会资本方	参照 EPC 工程总承包项目的采购程序遴选总承包商

6.3 市场主导的融资模式

6.3.1 开发商主导模式

开发商主导模式是指政府通过出让城市更新形成出让用地，由开发商按规划要求负责项目的拆迁、安置、建设、经营管理。在城市更新过程中政府不具体参与，只履行规划审批职责，开发商自主实施（图 6-8）。该种模式主要适用对象为商业改造价值较高、规划清晰、开发运营属性强的项目。

优势是能较快推进项目建设及运营，政府只需进行规划、监管；劣势是开发商利益至上，可能疏于公共设施或空间建设，缺乏整体统筹，在地产融资受限的情况下，可持续融资面临挑战加大。部分城市土地协议出让和容积率政策见表 6-2。

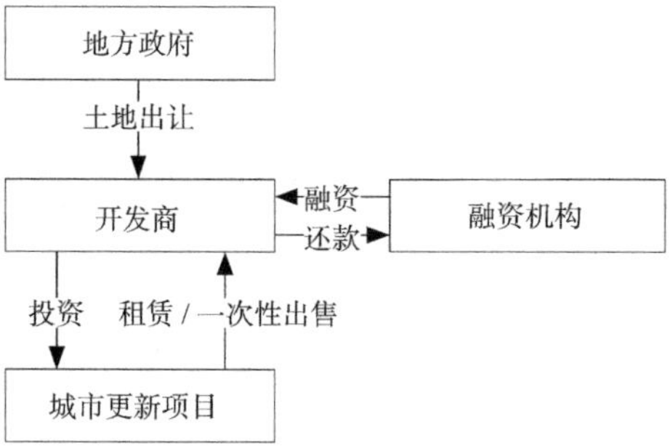

图 6-8　开发商主导模式

部分城市土地协议出让和容积率政策　　表 6-2

城市	土地产权	土地用途变更	容积率奖励、转移与异地平衡
广州市	《广州市城市更新条例》（征求意见稿）中，城市更新项目涉及土地供应的，应当公开出让，但符合规定可以划拨或者协议方式出让的除外	《广州市城市更新条例》（征求意见稿）中，改造范围内地块可以结合改造需求统筹确定建设用途，包括居住、商业、商务、工业等	《广州市城市更新条例》（征求意见稿）中，在规划可承载条件下，对无偿提供政府储备用地、超出规定提供公共服务设施用地或者对历史文化保护作出贡献的城市更新项目，市、区人民政府可以按照有关政策给予容积率奖励；城市更新项目因用地和规划条件限制无法实现盈亏平衡，符合条件的，可以按规定进行统筹平衡

续表

城市	土地产权	土地用途变更	容积率奖励、转移与异地平衡
深圳市	《深圳市城市更新办法》中，权利人拆除重建类更新项目的实施主体在取得城市更新项目规划许可文件后，应当与市规划国土主管部门签订土地使用权出让合同补充协议或者补签土地使用权出让合同	《深圳经济特区城市更新条例》《关于进一步加大居住用地供应的若干措施》（征求意见稿）中，以商业为主或法定图则的主导功能为商业的城市更新项目，可将更新方向调整为居住（公共住房为主）	《深圳经济特区城市更新条例》中，实施主体在城市更新中承担文物、历史风貌区、历史建筑保护、修缮和活化利用，或者按规划配建城市基础设施和公共服务设施、创新型产业用房、公共住房以及增加城市公共空间等情形的，可以按规定给予容积率转移或者奖励
上海市	《上海市城市更新规划土地实施细则》中，经区人民政府集体决策后，可以采取存量补地价的方式，由现有物业权利人或者现有物业权利人组成的联合体，按照批准的控制性详细规划进行改造更新	《上海市城市更新规划土地实施细则》中，允许用地性质混合、兼容和转换	《上海市城市更新规划土地实施细则》中，允许建筑容量调整，支持地块建筑面积调整和更新单元总量平衡、公共服务设施容量调整、商业商办建筑容量调整、基于风貌保护的容量调整、基于风貌保护的容量转移

案例：深圳宝吉厂城市更新项目

2010 年 1 月，佳兆业以 8.4 亿元完成对宝吉工厂等资产的收购，并向政府申请将土地性质改为商住用地，2011 年 1 月获龙岗区人民政府批准。整个项目集 70 年住宅产权、街道商业、经济适用房、商务公寓、大型商业商场、五星级酒店、超甲级写字楼于一体。项目资金由佳兆业自主融资。

6.3.2　属地企业或居民自主更新模式

由属地企业或居民（村集体）自主进行更新改造，以满足诉求者的合理利益诉求，分享更新收益（图 6-9）。该模式适用对象为项目自身经营价值高，主体自主诉求高的项目。

优势是更新方式灵活，可满足多样化需求，减少政府财政压力；劣势是政府监管难度加大，项目进度无法把控，容易忽视公共区域的改善提升。

案例：广州黄埔沙步旧村改造项目

广州黄埔沙步旧村存在着设施不足、经营管理混乱等问题。市区更新迫在眉睫。2016 年，沙步旧村项目被列入城市更新初步项目及资助计划。2021

年7月，沙步旧村改造实施方案正式获得区政府批准。由于村民自主更新意愿强烈，最终由村集体自行更新予以批准。经计算，重建总费用为125.51亿元。改造安置区总面积87.98公顷，净用地面积48.08公顷，平均净容积率4.31公顷，融资区总面积70.29公顷。土地由村集体在完成拆迁补偿安置后，按照规定申请国有土地，协议转让给原村集体和万科组成的合作企业。

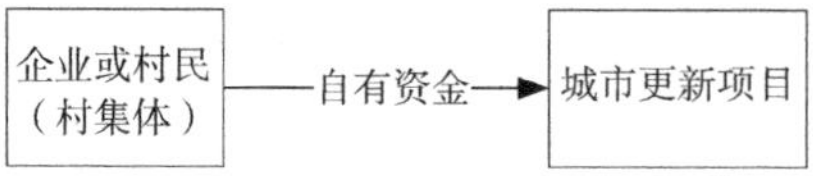

图6-9　属地企业或居民（村集体）自主更新模式

6.4　地产基金模式

地产基金在20世纪60年代起源于美国，主要以信托的形式经营，是指从事房地产企业和项目的投资、收购、开发、管理、经营和处置，以获取投资收益的基金组织。而到1980年代末，美国储蓄贷款危机后出现了大量质优价廉的房地产资产，受危机影响，上千家储贷机构倒闭，投资者可以从金融机构获得的债权融资非常稀少。因此，基于股权投资的房地产私募基金（PERE，Private Equity Real Estate）开始大量涌现，逐渐演变至今，成为一个主流的另类投资形式之一。

6.4.1　地产基金的分类与资金来源

理解地产基金是怎么样分类的？基金所需要的资金从哪里来？可以使读者有一个清晰的框架，对了解地产基金来说尤为重要。下面介绍它的分类和资金来源。

1. 地产基金的分类

（1）按照投资方式可分为股权类、债权类、夹层类。

股权投资除了关心投资对象的目前资产状况外，更加在意投资对象的发展前景和资产增值；债权投资更加关注投资对象抵押资产的价值；夹层融资则是两者的结合，是风险和回报方面介于优先债务和股本融资之间的一种融资形式。

在 2008 年金融危机之前，股权类投资模式在全球私募房地产基金中占据绝对主导地位，一般占到九成左右；金融危机之后，投资者的风险偏好和配置方式开始转变，债权类投资重回视野，债权类投资以及股加债的比重上升到近四成。

（2）按照组织形式可分为公司型、契约型、有限合伙型（表 6-3）。

地产基金按组织形式分类　　　　表 6-3

	公司型	契约型	有限合伙型
法人资格	有	无	无
发型凭证	股份	收益凭证（基金单位）	收益凭证（基金单位）
资产运用依据	公司章程	基金契约	基金契约
开放或封闭	封闭、开放均有	多为封闭式	多为封闭式
人数要求	不超过 200 人	不超过 200 人	合伙人数在 2 人以上 50 人以下，至少为一个普通合伙人
注册资本额或认缴出资额	实缴资本不能低于 1000 万元，股东至少缴税注册资本的 20%	最低为 100 万元	承诺出资制，无最低要求
利润分配	按出资比例	根据基金协议约定	根据有限合伙企业约定
缴税方式	企业和个人都交	信托收益不缴税，受益人缴纳个人所得税或企业所得税	有限合作企业不缴税，合伙人缴纳个人所得税或企业所得税
投资者是否参加经营	可以参与	不参与	GP 参与，LP 不参与

①公司型地产基金类似于股份制公司，赚取公司运营收入。

公司型房地产基金是以《公司法》为基础，由发行单位筹集资金并投于房地产基金，其组织形式类似于股份制公司，认购人和持有人是基金的股东，享有股东的一切利益，也是基金公司亏损的最终承担者。董事会选举董事，负责基金运作，或董事会聘任基金管理公司负责。

②契约型房地产基金类似信托，赚取通道业务收入。

契约型房地产基金又称信托基金，指以信托法为基础，根据当事人各方订立的契约，由基金发起人公开凭证来募集投资者而设立的房地产投资基金。契约型房地产基金的最大特点是基金管理人无法直接接触资金，不会出现基金管理人卷走用户基金的情况，就算是基金因经营不善而倒闭，也不会影响到用户的资金安全。

③有限合伙型地产基金以结构化产品分享股权收益。

有限合伙型将人分为两类。一类是有限合伙人，他们不参与企业的日常管理，并且只对合伙企业承担有限责任；另一类是普通人，他们因为参与企业日常管理，因此需对合伙企业承担无限责任。普通合伙人一般由有一定投资技巧的专业人士或机构担任。

在有限合伙制企业中，普通合伙人负责基金管理，产品收益先满足 LP 的合同要求回报，超额部分 GP 可以享受分成，平均来看 GP 和 LP 收益比大约是 2∶8。

（3）按照风险类型可分为核心型、核心增值型、增值型、机会型（图 6-10）。

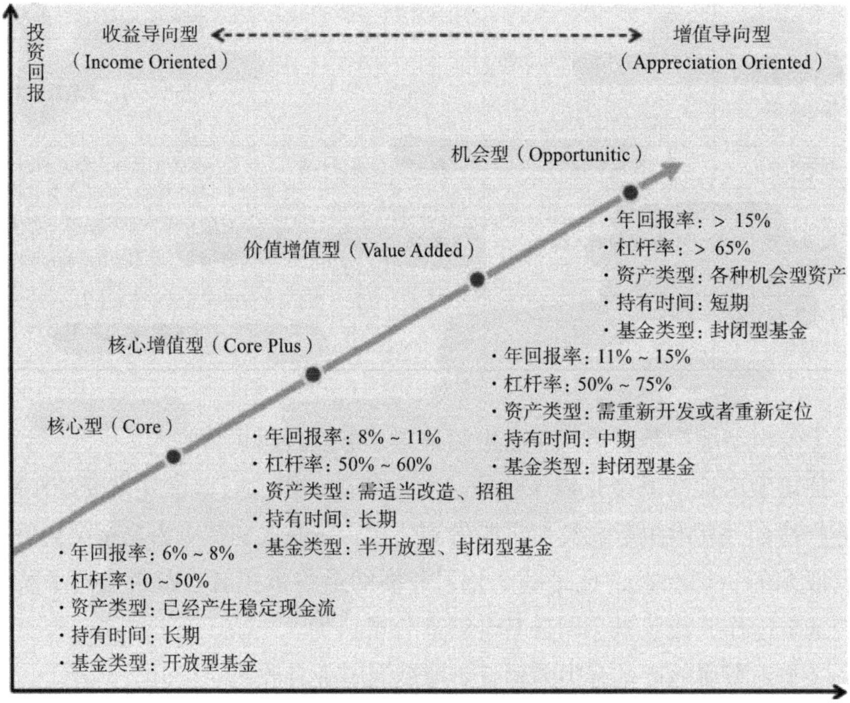

图 6-10　地产基金按风险类型分类

①核心型（Core）

风险低。核心城市的核心地段，不存在开发风险，且短期内不存在改造风险，有稳定现金流的物业。

策略：无论是商业物业业态，稳定的租金现金流，还是以REITs作为主流手段的金融工具和资本市场，在海外都已发展到成熟阶段。但在中国国内，现阶段尚无法达到国外商业房地产行业的市场成熟度和政策完整度。因此，国内的商业地产从商业收购型房地产基金萌芽，同时亦出现了核心型策略的萌芽。

现阶段，机会型的基金偏向于好一点的二线城市，因为有人口流入和大量刚性需求，同时有一定土地的供应量，而对于最核心的一线城市，比如北京、上海、深圳，市场的情况是新增供地越来越少，只能考虑存量的机会，房地产基金的策略也就偏向于核心型与增值型，这种策略一般都有稳定的长期租约。

②核心增值型（Core Plus）

风险适中。位于核心城市，不存在开发风险，且短期内不存在改造风险，有租户调整等较为常规的调整，有稳定现金流的物业。

策略：在国内，增值型策略主要以产业园地产为代表。其主要关注的是在建成后到成熟运营前地产资产的增值服务及运营。增值型地产基金既需要捕捉市场上被低估的房地产资产机会，也需要有足够的服务和运营能力提高其内在价值，更需要有资本运作能力操作基金生命周期之中的募、投、管、退各阶段。现在这种策略的应用也有很多，例如有营销代理公司与基金合作，提供营销方面的增值服务。与核心型不同，这类房产租约略短，需要少量改造和定位。

③增值型（Value add）

风险性偏高，位于一、二线城市的开发项目、存量资产改造项目，对项目增值的依赖度较高。这类资产因为需要涵盖“开发周期”或者“改造周期”，周期偏长，政策波动性较大，整体投资风险相对较高。

策略：投资关注的是需要有所改善的地产项目建成后到成熟运营前地产资产的增值服务及运营。例如通过翻新大楼改变市场定位、租赁策略等方式使得资产具备增值潜力。

④机会型（Opportunistic）

风险较高，对项目区位没有特别要求，主要看重项目本身的特别机会，如拿地成本低、资产稀缺性等，包括项目开发、烂尾楼收购、存量资产改造、开发商资产包收购，完全依赖于项目机会性价值体现。这类项目多常见于住宅、轻资产运作项目或者商业写字楼“整买零卖”模式。

传统意义上所说的私募地产基金通常都是机会型和价值增值型的投资风格。

除这 4 种策略外，还有一种特殊的资产策略是保守稳健型的投资策略，主要体现在以下几个方面：

①不加杠杆：基金 100% 进行自有资金投资。

②唯一持有人：基金不负债，投资人是资产唯一持有人。

③专注于房地产：涉及市场认可度高的公寓、酒店、商业地产等。

④细分资产选择：核心地段，保值、增值性强的物业。

⑤成熟物业：稳定现金流收入带来的确定性收益。

⑥升级改造：翻新、修复、扩建，为资产带来新附加值。

⑦退出路径明确：本地市场有足够的交易规模是退出的前提。保证基金退出时间明确，可提前进行交易安排。

（4）按照持有时长可分为长期基金和短期基金。

根据持有时间长短可分为长期和短期，具体见表 6-4。

基金按市场分类 **表 6-4**

持有时长	长期基金	短期基金
区别	偏向于价值投资；指投资期限一年以上的各项投资	偏向于投机；指投资期限一年以下的各项投资
风险	时间成本较大，流动性较差，不确定性因素较大	时间成本较小，流动性较好，不确定性因素较小
回报	预期收益较高	预期收益较低
代表	核心型、核心增值型	机会型

2. 地产基金的资金来源

从资金的来源可以分成两类：内资和外资。

内资的来源比较广泛，主要有国内贷款、自筹基金、其他基金。而国内贷款中银行贷款，也包括非银机构的贷款。银行贷款具体包括了银行给房企的开发贷款和并购贷款，非银贷款主要指的是信托、券商资管、基金等机构给房企的非标融资。自筹基金主要指的是在报告期内筹集的用于项目建设和购置的资金，包括自有资金、股东投入资金和借入资金。其他资金主要由定金、预收款、个人按揭贷款等项目构成，可以大概理解成由房地产销售构成。在2016年提出“房住不炒”和后续的去杠杆与房市严监管之下，房企融资被限制，快销售快回笼成为房地产行业的一大现象：迅速拿地开工，建造使其符合预售条件，销售回笼资金，再继续拿地、开工。至此房地产销售成为房地产开发投资额的巨大依赖项。

外资的来源有专项私募股权基金、对冲基金、境外主权、养老金等。由于传统外资私募均是通过海外募集资金，且募集来源大多来自一些欧美的退休基金、保险资金或主权基金等长线资金，在配置周期、收益要求、资产配置方向以及基金搭建结构上，与中国私募地产基金市场和“游戏规则”存在一些差异。譬如，通过在中国本土设立人民币私募基金平台，将募、投、管、退的工作都放在境内市场完成。一方面可以与境内资本伙伴联合，完成基金的募集设立，保险公司、资产管理公司、国有投资平台以及非银机构，由于其对政策和市场环境了解得更为深入，业内资源也很丰富，所以通过合作能够提供更为准确的建议。另一方面，通过境内资本市场多元化的产品渠道，例如，采用资产证券化（CMBS）、资产支持专项计划（ABS）以及基础设施公募（REITs），解决阶段性的资本优化以及实现有效退出。

与此相反，外资基金要考虑的问题比较多，包括汇率、杠杆成本、资本管控、敏感行业准入（如 IDC）等。

但受监管政策、渠道挤压和市场暴雷的影响，原指望银行和信托输血的开发商已大规模地将融资渠道调整到私募及金控平台等方向，当前通过地方金交所、金交中心、股交所等发行的摘挂牌类产品、可转债等产品有明显的冲高迹象，市场接受度也已普遍提高，因此近几年私募基金得到快速的发展，但外资买入中国的策略发生了变化，主要体现在以下几个方面：

（1）投资规模：境外资金收购占比为近五年最高

经历私募行业的“元年”之后，国内收紧房地产调控政策，火爆的房地产市场温度骤降，但外资对于中国房地产业前景非常看好，开始涌入国内房地产业进行“抄底”。

根据第一太平戴维斯最新发布的《2020 年中国房地产市场展望》报告中显示，2019 年，一线城市大宗交易总成交额占全国比重达 71%，来自境外资金收购占比超过 40%，同为近五年来最高。

（2）投资方式：从机会型转向核心型、增值型

从最开始注重开发收益，到上升周期中的机会型投资，外资近年来的投资方式更多从机会型转向核心型、增值型。外资不单单专注于纯住宅开发，更多的是秉承穿越市场周期的价值投资理念，坚持资产管理的主动性、商业运营的精细化。

（3）布局领域：投资领域趋于多元化

实际上，我国自 2016 年末以来实行经济降杠杆政策，不断加码的房地产调控政策导致国内基金及开发商面临融资成本上升以及渠道受限等问题，使得本来就十分依赖于贷款的房企在投资项目时趋于谨慎。

而随着来自国内投资者的竞争减少，对于具有融资成本优势及资金充裕的国际投资者而言，则是一个进一步加速布局中国，获得更多增值潜力的投资项目和成交机会的窗口期。

第一太平戴维斯华东区估价部高级董事在接受《中国房地产金融》的采访时表示，相较于多变复杂、充满不确定性的国际经济环境，尤其是中国目前"抗疫"取得的成功，中国经济恢复良好，为正处在"粗放型"向"精细化"运作转型期的中国房地产行业的健康发展提供良好的经济环境基础。

（4）外资要平衡两个市场间的"游戏规则"

由于传统外资私募均是通过海外募集资金，且募集来源大多来自一些欧美的退休基金、保险资金或主权基金等长线资金，在配置周期、收益要求、资产配置方向以及基金搭建结构上，与中国私募地产基金市场和"游戏规则"存在一些差异。

外资私募地产基金多以权益性投资的逻辑在运行，中国很多地产私募基金往往都是以较为混合的方式（即"股 + 债"的思维逻辑）来完成募、投、管、退的，从这点考虑，为了更高效地利用好境内资本实现发展，外资需要考虑如何平衡两个市场间的"游戏规则"。

譬如，通过在中国本土设立人民币私募基金平台，将募、投、管、退的工作都放在境内市场完成。

一方面可以与境内资本伙伴联合，完成基金的募集设立。保险公司、资产管理公司、国有投资平台以及非银机构，由于其对政策和市场环境了解得更为深入，业内资源也很丰富，所以通过合作能够提供更为准确的建议。

因此，企业也想寻找一些更具相对竞争优势的细分领域作为今后发展的着力点。

（5）回归本源：商业地产 REITs 未来可期

值得一提的是，从外资的动作来看，也并非所有的外资私募基金都能如鱼得水，完全适应本土化模式，也有部分出现“水土不服”的现象，甚至有的外资私募在 2018 年备案首只产品后，此后再无新产品成立。

也有业内人士表示，部分外资机构由于对中国风土人情、政策制度不够熟悉，因此造成投资上的阻力。近年来，随着房地产调控政策的收紧，国家监管层面也加大了对房地产金融行业的管控，陆续出台资管新规、委贷新规等。

停止对债权类私募基金的备案，以债权项目为主的私募基金逐渐向私募股权投资基金发展，这也是通过深化优胜劣汰、行业整合的形式，使私募不动产基金回归本源。

真正发挥基金管理人的能力。通过加强资产管理的主观能动性，使得中国房地产行业从过去的“急功近利型投资理念”真正地走向通过资产管理获得增值收益。

6.4.2 私募基金

了解私募基金的变化，就应该明白私募基金中，股权投资分为基金募集、基金投融、投后管理、资本退出四个阶段，也就是我们常说的“募投管退”。鼎好正处于四个阶段中的管理阶段。目前鼎好被欧洲著名私募股权投资基金合众集团（Partners Group）、香港华旭控股、啟城投资、颢腾投资以及中东基金联合出资对鼎好大厦进行收购，项目产权主体是北京鼎固鼎好实业有限公司，投资管理方是北京华旭颢城企业管理有限公司。鼎好的股权投资是通过自上而下的投资策略，锚定城市更新赛道，并从投融管退四个维度进行投资和管理。

1. 基金募集

基金的募集包括内资和外资。

对于外资的融资问题，需要考虑的因素很多，比如：汇率因素、资本管控因素、杠杆因素、匹配的境内银行还是境外银行、项目体量等。对于汇率因素，融资币种应尽量与还款来源币种相匹配：企业借入外币，在境内结算使用，这涉及汇率风险和成本。由于还款时的即期汇率具有不确定性，企业面临因汇率波动而遭受损失的风险。如果还款时人民币汇率比借款时贬值，企业需要支付更多的人民币购买外币来偿还外币贷款。因此，为控制汇率风险，应采取掉期等风险规避措施。

对于资本管控因素，监管部门和证券公司在融资融券交易出现异常或市场出现系统性风险时，都将对融资融券交易采取监管措施，以维护市场平稳运行，甚至可能暂停融资融券交易。这些监管措施将对从事融资融券交易的投资者产生影响，鼎好留意监管措施可能造成的潜在损失，密切关注市场状况、提前预防。

对于杠杆因素，融资融券交易具有杠杆交易特点，鼎好在从事融资融券交易时，如同普通交易一样，要面临判断失误、遭受亏损的风险。由于融资融券交易在投资者自有投资规模上提供了一定比例的交易杠杆，亏损将进一步放大。例如投资者以 100 万元普通买入一只股票，该股票从 10 元 / 股下跌到 8 元 / 股，投资者的损失是 20 万元，亏损 20%；如果投资者以 100 万元作为保证金、以 50% 的保证金比例融资 200 万元买入同一只股票，再将 100 万元现金普通买入该股票，该股票从 10 元 / 股下跌到 8 元 / 股，投资者的损失是 60 万元，亏损 60%。鼎好清醒认识到杠杆交易的高收益高风险特征。此外，融资融券交易需要支付利息费用。投资者融资买入某只证券后，如果证券价格下跌，则投资者不仅要承担投资损失，还要支付融资利息；投资者融券卖出某只证券后，如果证券的价格上涨，则投资者既要承担证券价格上涨而产生的投资损失，还要支付融券费用。国内大多数的地产基金都处于初创或者成长期，整体来看退出案例较少，可验证的历史业绩仍不充分，且在国内个人投资者对非标固收类金融产品较为依赖的背景下，以强调“股权投资”属性为主的地产基金，其被认可的广泛程度和募资渠道的通畅程度都受到较大的局限。

对于匹配的是境内银行还是境外银行、项目体量等问题，由于鼎好项目基金，一个项目就是一个基金，属于大体量基金，鼎好大厦按照国内外成熟资本市场的惯例，其市场周期为 3 ~ 5 年。选择合适的持有时间，获利效应是较为理想的。

无论是哪种风险，鼎好都充分重视并把握基金募集的主动权，做好“募投管退”中融资，上承基金投融，下接投后管理，真正做好连接两端的作用。

2. 基金投融

国内目前活跃的地产基金按投资类型分为债权投资型、股权投资型；按物业种类分为住宅、办公楼、购物中心及零售物业、酒店物业；按使用类型分为住宅类和商业地产类；按资金来源分为境内房地产基金、境外房地产基金。

地产基金的投资，从项目开始，风险便一路伴随。在这其中，项目筛选又是项目投资和地产基金风险控制的基础和前提，获取相对优质的项目或者相对较低的土地成本，后续的资产管理过程才更游刃有余，毕竟当前地产行业中资产增值仍然是基金投资收益率的主要构成。

项目通过筛选、沟通、风险控制，而后进行认投。其中，项目选择是项目投资和地产基金风险控制的基础和前提，只有获得了相对优质的项目或者相对较低的土地成本，后续的资产管理过程才有意义，所以选择的城市更新有以下两个方面的原因：

（1）客观角度：鼎好需要城市更新，顺应政府的要求。在国家宏观政策方面，“十四五”规划提出城市更新的概念——以人为核心的新型城镇化进程。可以看出特地强调了以人为核心。同时，2020 年中央经济工作会议也明确指出要实施城市更新行动，推进城镇老旧小区改造，高举城市更新 + 新基建双轮驱动扩大内需。

（2）主观角度：外资选择投资鼎好大厦，是因为根据投资方筛选项目的标准，可以计算得出，投资的项目可以带来盈利，帮助城市发展，同时投资鼎好又可以满足投资方一些核心要素，如：产业生态、多元复合、城市文脉、城市空间、交通价值、区位、年限、供需关系等。毕竟当前商业地产行业中资产增值仍然是基金投资收益率的主要构成，所以投资就会从多方面考虑，一旦这些达标，基金就会介入，来帮助城市转型，从而实现双赢。

若买方私募基金自身受限于资金有限，在筛选城市及项目标的的时候，会越来越趋向于“量体裁衣”，不同地产基金之间表现出不同的投资策略，但基本以核心增值型和机会型策略为主，此类策略操作中相对安全边际较高。

美国房地产私募基金的投资策略主要可以划分为五大类型。很少有基金仅仅专注于一种投资策略，通常都会灵活地采用多种相结合的形式。每种投资策略对于基金人员的技能和背景都有着相应的要求。

在标的选择方面，几乎涵盖了全部商业地产类型，包括办公、工业、购物中心、零售、住宅、酒店、仓储、物流、医疗、制造等房地产项目，以及毛坯土地的投资。投资策略见表 6-5。

投资策略　　表 6-5

投资策略	备注
通过结构融资（Structured Financing），例如高杠杆供贷来收购市场上的高质量物业	可以视为 LBO 在房地产投资中的运用
打包收购房地产贷款（通常为不良贷款），然后拆分出售给投资者	该策略通常为投资银行的基金所采用，因为投资银行有着丰富的客户资源
投资于房地产开发与建设	根据统计，投资于建设中的地产项目所获收益比持有物业的收益高出 1.5% ~ 3%（在没有杠杆的情况下），而投资于土地开发的收益则可以高出 15%。供助适当的杠杆，土地开发可以获得比持有物业高出 20% 的回报
投资于地产项目的再开发与重定位	低价收购处于空置或者荒废状态的物业，然后对其进行再开发或重新定位。这一策略可以在较短的时间内获得较高的回报。而相较新开发少了很多计划过程中的风险
收购企业拥有的过剩房地产资产	有些企业由于种种原因，例如经营困难或者企业重组，而急需出售其拥有的房地产资产。这种情况通常可以以较低的价格购买到质量较高的房地产资产

3. 投后管理

基金在对房地产项目进行投资后，良好的项目投后管理工作，有利于基金持续保持对项目方（包括项目公司及其控股股东、实际控制人）及标的项目最新动态的了解，且可在此基础上建立起有效的风险预警机制，并在必要时及时启动风险处置措施，进而有效保障基金的合法权益。

简而言之，基金对所投项目进行投后管理的主要目的在于保障投资协议履行，有效防范投资风险，顺利实现投资目的。

根据管理模式的不同，可以将项目投后管理分为自主管理和委托管理两类。

鼎好采用的是自主管理、资产管理、基金管理、运营管理等，来提升资金去提高物业的价值，进而获得租金回报率高的永续运营模式。

城市更新中存在着多元利益主体。这是城市更新过程复杂的原因之一。城市更新中的多元利益主体有多种划分方式，其中最基本的，是政府、市场和社会这三大利益主体。从城市更新参与的不同时期分，也可分为更新前在位者，如原街区的居民、业主或商家、机构等；更新的主动推动者，如开发商、建筑商等；更新的主导者，如政府、村集体等；更新后的运营者，如商户、新居民、持有产权的基金等；更新的监督者及参与者，如专家、社会公众及各种公益性的社团组织等。

由于我国的城市更新启动时间不长，在城市更新中多元利益主体的职能、作用及其相互关系在不同模式下不尽相同。为使城市更新项目可以更好地完成和运转，政府、市场、投资人三位一体共同为项目服务，下面介绍三者各自的职能。

政府是城市更新的引领者、规划者。目前涉及城市建设的规范、标准、管理几乎都是针对新建建筑的，城市有机更新对地方政府的管理带来巨大的挑战。政府在城市有机更新中的职能主要包括以下5个方面：

（1）做好顶层制度的设计，注重利益分配制度的可持续性。

（2）尊重城市发展的规律，以TOD等理念重塑城市繁荣。

（3）相关政策规定实施细节的及时更新。

（4）有效的目标管理和工作协调。

（5）系统性的融资政策。

市场应该发挥导向作用，激发市场活力，构建多层次、广覆盖、有差异的金融服务体系。

投资人应该积极参与，通过轻资产模式、重资产模式、合作开发模式、品牌管理模式四种模式来发挥创新作用。企业是市场化主体，企业以盈利为经济活动的目标是合理、正当的。企业追求利润的行为有利于推动城市更新中资源优化程度和更新效率的提高。国际经验证明，单一政府主导的项目很容易形成政府财政债务负担，而且由于经济活力不足，效率低下，投入产出往往难以匹配。市场化企业主导的项目比较容易实现多元化优势互补，而且能够进一步吸引更多优秀的市场化主体参与，取得多方面的综合效益。

在城市化进入到以存量改造为主的阶段后，各地政府和越来越多的企业都逐步认识到，城市有机更新能带来的并非仅仅是一个或若干建筑物本身的价值增值，而往往是成片街区甚至整个城市在居住档次、产业结构、生活方式、社区功能、环境治理以及基础设施完善和土地资源优化配置等多方面的全面升级；同时还能在城市文化传承、历史文物保护、提高就业水平、增强城市治理能力等多方面取得相应的重大效果。

4. 资本退出

为实现收益最大化，选择合适时机和方式退出才能确保资金在不同程度上都能得到很好的运用，实现价值增值和资金资产的良好循环，让资金得到高效流通。主要分为以下几个步骤：第一步，找准退出时机。此时首先需要考虑目标企业在经营生产中的运行状况、收入、亏损和负债、资产配比程度、长期经营是否存在资金周转困境。同样还需要考虑市场环境是否能为企业赚取盈利。如果在运转过程中，目标公司被高估市场价值，在整个发展流程中发展势头偏好，被市场认为是朝阳行业，那么准确把握退出时机将会为企业带来比期望中更高的收益。第二步，评估退出路径。确定找准退出时机后，应该对私募投资行业所在投资领域采取进一步措施和模拟各项退出路径，在把握各种退出路径的优劣的同时，更重要的是确定一个损失最小、最符合目前企业发展且获利最大的退出路径。第三步，设计退出过程。在退出路径评估选择后，应该对退出过程采用何种方式、预期能达到的收益和失败退出后果处理情况等进行分析，由于整个过程需要考虑的因素很多，设计的不合理性会影响退出的效率，因此还需听取领域专家的建议和方案，以保证每一个环节都能够效率最大化。

中国资本市场自改革开放以来，市场参与投资者适应市场环境逐渐具备投资能力和辨别风险能力，私募股权投资基金退出作为项目股权投资公司实施投资管理的最后一个环节，合理有效的退出方式关系到后期的再投资和再融资是否顺利循环进行。

退出机制的主要作用分为以下三点：第一，实现投资资金的循环利用。中小企业在资金周转中，需要大笔资金解决财务困境。在恰当时机选择退出，保证资金得到有效利用和合理的分配，为投资活动的增值创造价值。第二，成功退出可有效遏制风险。成功的退出是控制风险、减少投资失败率的有效途径。私募股权投资基金普遍倾向于高风险和高收益的项目，具有高风险性和高收益性，合理判断退出的时机，可以为企业避免未来发展中不确定性带来的风险。第三，PE 成功退出是评价企业绩效的标杆。采用退出回报率判断企业绩效，当投入资金增值退出后一方面可以提升新企业经济实力，推动企业长久发展，另一方面可以提升基金管理公司在业内的声誉，为企业在该行业领域内实现经营性扩张创造机遇。

私募基金退出的渠道可以满足不同风险偏好者的投资需要，为私募投资者提供更多更有效的退出途径，此外为 VC 提供新平台将股权变现。主要有：IPO 退出、股份转让退出、清算退出三种。

IPO 退出是私募基金投资企业上市并在锁定期届满后，通过二级市场股票交易实现退出。截至 2021 年 10 月底，我国 IPO 市场主体总量约 1.5 亿户，但企业不足 5000 家，私募基金通过二级市场实现退出的比例相对较低。

股权转让退出根据受让股权的主体不同，可分为向被投资企业管理层或实控人及关联方转让被投资企业股权退出、向非关联的独立第三方转让被投资企业股权退出等不同类型。退出的关键是寻找到合适的受让方，其有能力有意愿受让私募基金所持被投资企业的股权。

清算退出根据清算时私募基金财务经营状况的不同，可分为主动解散清算、被动破产清算两种类型。主动解散清算，一般是指基金管理人在符合法律规定和私募基金相关协议约定的前提下，权衡基金风险收益后，选择主动解散清算私募基金。被动破产清算，往往是私募基金投资失败后导致资不抵债，且已满足破产法规定情形下的被迫清算。

5. 地产私募基金独有的特点（表 6-6）

地产私募基金独有的特点　　表 6-6

特点	具体描述
资金通过私募方式募集	筹集资金渠道狭窄，对募集资金的对象要求偏高。与公募基金相比，公募基金发行者是具有雄厚实力的大财团，其投资对象既可以是个人也可以是企业。而通常，私募股权基金都是通过非公开方式进行的，投资者人数有法律限制

续表

特点	具体描述
投资风险相对偏大	由于私募股权基金投资耗用时期较长，需要大量的运营资金运转，退出获利的不确定性会无形中增加私募投资风险。私募股权投资基金主要是通过非公开形式筹集资金，由于非系统性风险包括市场风险、流动性风险、操作风险等，可能会给企业带来损失
退出渠道多样化	根据目前市场经济的发展，私募股权投资的最终目的是赚取资本增值，我国目前采取的退出渠道涉及 IPO、股权转让、兼并收购以及清算，退出涉及板块包括新三板、科创板、区域性股权交易市场等
信息披露程度不高	目前针对信息输出环节信息不对称可能存在部分缺失，主要是此类基金非公开发行且投资者人数有限、投资的时期很长，加上出售和赎回机制的影响；其次是针对协议需要对被投资企业的机密情况保密，决定管理基金的主体不能够完整的提供信息资料，难以实现透明化

6.4.3 外资并购

外资并购也称并购投资，范围包括外资公司、企业、经济组织或个人直接通过购买股权或购买资产的方式并购境内企业。外资并购是与新建投资相对应的一种投资方式，本质上是企业间的产权交易和控制权的转移。并购一般没有新的固定资产投资，因此与新建投资相比，外国企业可以更快地进入市场和占领市场。外资并购在我国很早就存在，主要是中方以资产作价同外方合资，实现存量资产利用外资。

鼎好是关于旧商业区权利主体单一或数量较少的情况下，考虑通过股权并购的方式获得城市更新项目的主体。

1. 产生并购的原因

（1）外因

①全球经济一体化

伴随着国际分工的日益深化和科学技术的飞速发展，统一的世界市场正在高速形成，生产要素的流动更为自由。在世界经济一体化的大趋势下，跨国公司在面对更为广阔的市场前景的同时也面临着更加激烈的竞争和更大的市场风险。因此，跨国公司不断调整其经营战略，以全球化的视野利用市场机制在全球范围内整合资源，扩大自身优势，不断提高核心竞争力，跨国并购是实现这一目标的有效途径和手段。经济全球化的环境也为跨国公司的并购活动提供了有效的资源供给。

②中国市场前景看好

根据国家统计局发布的数据，2020 年实现了 GDP2.3%、2021 年 8.1%、2022 年 3% 的增长速度。中国社会科学经济研究所发布的 2022 年中国经济回顾与 2023 经济展望表明，2023 年疫情对中国经济增长的扰动明显趋弱，国民经济企稳回升，中国市场的前景依然明朗。投资预期风险小而回报高。

③政策的调整

从世界范围来看，大部分国家和地区放松了对外资并购的限制，调整了外商直接投资制度。近年来，我国政府相继出台了《关于向外商转让上市公司国有股和法人股有关问题的通知》《利用外资改组国有企业暂行规定》《外国投资者并购境内企业暂行规定》和《外国投资者对上市公司战略投资管理办法》等一系列法规和办法。新的法规有利于为外资的并购活动提供更完善的环境，外资并购的可操作性增强。在中国资本市场上，股权分置问题的解决有利于清除股权转移的障碍，股份可以作为并购中的支付工具，进一步便利了外资的并购活动。

（2）内因

①品牌战略

运作成熟的公司都会有自己的品牌发展战略和发展计划。跨国公司通过横向并购，减少了竞争对手，市场占有率提高，巩固长期获利机会，对国际市场的控制力凸显。

②低成本进入市场

和 FDI 的另外一种形式——新建投资相比，跨国并购可以以较低的成本进入某一市场，并获得原有企业的营销渠道等固有优势。

③整合资源

经济全球化的同时，也是西方发达国家在全球范围内进行产业结构调整的过程，是发达国家的夕阳产业向发展中国家转移的过程。2003 年 9 月，柯达的全球战略做了调整，由传统影像转向数码影像业务。2003 年 10 月，伊士曼柯达公司以 4500 万美元现金出资和提供一套用于彩色产品生产的乳剂生产线和相关的生产技术，换取中国乐凯胶片集团公司持有 20% 的国有法人股，成为上市公司乐凯胶片的第二大股东。柯达把发达国家的“夕阳产业”——传统影像业务的利润增长转向了中国，凭此，柯达可以用胶卷市场的利润支持其需巨额资金发展的数码影像业务，进一步巩固了其在行业内的优势地位。通过跨国并购，跨国公司可以“博采天下之长”，提高竞争力，实现自己的战略目标。再比如钢铁冶金等资产专有性高的行业中，固定资产所占比例比较大，行业退出成本较高，新设备的投入使用往往需要巨额资金。如此一来，行业内容易囤积过剩的生产能力，资源难以得到有效配置，各企业只能占到较低的市场份额。通过并购重组，可以淘汰陈旧的生产设备和低效益企业，降低行业退出壁垒。

④分散经营风险

在激烈的市场竞争中，跨国公司虽然面临更大的风险，但与此同时，开放的市场环境也为跨国公司提供了更多分散风险、转嫁风险的手段和途径。跨国公司可以利用不同产品在不同国家和地区的生命周期的差异，进行多元化投资，投资区域多元化，投资行业多元化，达到分散风险的目的。除此之外，获得规模报酬、争取优秀人才、达到经营协同和财务协同效应、降低交易费用等都是外资并购的基本动因，在此不作具体阐述。从长期来看。追求利润是每个企业追求的目标。外资企业的并购活动最终也是为了获得更多的利润。

2. 并购的方式

外资并购的两种方式：股权并购、资产并购（表 6-7）。

股权并购和资产并购的区别 **表 6-7**

方式	股权并购	资产并购
定义	外国投资者购买境内非外商投资企业（以下称“境内公司”）股东的股权或认购境内公司增资，使该境内公司变更设立为外商投资企业	外国投资者设立外商投资企业，并通过该企业协议购买境内企业资产且运营该资产，或外国投资者协议购买境内企业资产，并以该资产投资设立外商投资企业运营该资产
优点	程序相对简单，并能节省税收	债权债务由出售资产的境内企业承担
弊端	债权债务由并购后的企业承担。有潜在债务风险，但可通过协议尽量避免	（1）税收有可能多缴； （2）需要对每一项资产尽职调查，然后就每项资产要进行所有权转移和报批。资产并购的程序相对复杂
优劣对比	股权收购侧重于公司本身的整体价值，其好处在于可以完全获得公司相关的资质和既有的市场、技术、品牌等，不利之处在于由于收购方需要概括承受被收购公司的全部权利义务，如果公司的表面之下暗藏诸多问题，比如物权瑕疵、股权纠纷、劳资矛盾等，股权收购取得的负债可能大于收益，因此必须认真负责地做好收购前的尽职调查	资产收购的目标在于公司某项或某些有价值的资产，其优于股权收购之处在于调查范围小，只需要确认资产归属和资产本身的价值即可；不利之处在于某些资产的转移可能受到某些资质相关的严格限制，而且税负一般较股权收购更重

续表

方式	股权并购	资产并购
区别	（1）并购意图。并购方的并购意图是为了取得对目标企业的控制权，体现在股权并购中的股权层面的控制和资产并购中的实际运营中的控制。虽然层面不一样，但都是为了取得对目标企业的实际控制权，进而扩大并购方在生产服务等领域的实际影响力。 （2）并购标的。股权并购的标的是目标企业的股权，是目标企业股东层面的变动，并不影响目标企业资产的运营。资产并购的标的是目标企业的资产如实物资产或专利、商标、商誉等无形资产，并不影响目标企业股权结构的变化。 （3）交易主体。股权并购的交易主体是并购方和目标公司的股东，权利和义务只在并购方和目标企业的股东之间发生。资产并购的交易主体是并购方和目标公司，权利和义务通常不会影响目标企业的股东。 （4）交易性质。股权并购的交易性质实质为股权转让或增资，并购方通过并购行为成为目标公司的股东，并获得了在目标企业的股东权如分红权、表决权等，但目标企业的资产并没有变化。资产并购的性质为一般的资产买卖，仅涉及买卖双方的合同权利和义务	

无论选择哪一种方式，处理好两者的优劣关系，发挥所选方式的优越性对鼎好来说至关重要。

3. 外资并购的影响

（1）有利影响

①产业结构调整

外资并购有利于优化产业结构及国有经济的战略性调整。首先，外资并购有助于改变市场结构。我国部分行业盲目投资、重复建设严重，生产能力过剩，是当前经济运行中的一个突出问题，尤其是在家电、汽车、啤酒、医药等许多行业的资本配置上，资本重叠和资本分散同时存在，在缺少退出机制的情况下，价格战让每一个行业内企业承受了巨大的压力，导致行业低层次过度竞争，造成严重的资源浪费。外资并购通过整合产业链，整合市场参与者，将不断使中国的市场结构趋于合理，最终实现产业结构优化。其次，国有经济改革的重要任务之一是对国有经济进行战略性调整，而对国有企业进行产权重组又是国有经济调整的前提条件。我国民间资本不论是财力还是经营管理而言，都不可能单独胜任承接大规模国有资产、对国有企业进行改造以及参与改造后的公司治理和经营管理的重任。因此，大量国有企业的改革迫切需要外资，特别是拥有雄厚的资金先进的管理和技术水平的跨国公司的积极参与。外资并购国有企业实际上就是外资与国有企业的产权交易，这种交易将导致国有企业产权结构的调整，从而带动产业结构、产品结构和地区结构的调整。

②引进先进的技术与管理经验

发达国家的跨国公司不仅拥有庞大的资金，还带来了当今较为先进的科学技术和纯熟的经营管理方法、垄断性的专利和技术、先进的管理经验。并购后的我国公司通过外资技术人员的介入，引导内资人员出去学习，不断培养高端人才，能够加速企业的技术进步；同时通过外资参与企业经营管理，也可以借鉴外资成熟和先进的管理经验，分享外资企业的整个市场渠道，在经营上形成更好的渗透，使公司能够借助跨国公司的品牌优势、市场优势和管理机制，促进技术、产品、管理更好地融合，迅速提升核心竞争力。此外，我国企业通过对外来技术的模仿和吸收，能加强自身的技术研发能力，实现技术二次创新，加快产业结构升级。

③提高资源配置效率

企业并购的过程，实际上也就是经济资源重组的过程。一方面，它可以促进生产要素向更高效益的领域转移；另一方面，通过优势互补，联合发展还能提高经济资源特别是生产要素的利用效率。要素生产率提高是经济增长的重要动力。在科技进步加速的时代，要素生产率是决定国家经济增长的根本力量。而提高要素生产率一般又是由四方面的原因推动的：资本积累（投资）的增加、劳动者素质提高、更为有效的资源分配（如资本和劳动力转移到高效率的部门和企业）、技术进步。跨国公司对中国企业并购，能够快速发展大型企业集团，成倍壮大企业经济实力，增强企业资金、技术能力、人才等优势，提高大型企业集团的行业产值在销售额中所占的市场比重。

（2）不利影响

①易造成跨国公司的垄断和限制性竞争

跨国公司利用资本运营并购国内企业后，凭借其雄厚实力逐步占领较大市场份额，将可能垄断或图谋垄断国内一些产业。近几年来，跨国公司在华子公司的工业总产值占行业产值的比重呈不断上升趋势。在轻工、化工、医药、机械、电子等行业，其子公司所生产的产品已占据国内 1/3 以上的市场份额。除了通过并购同行业中两个或两个以上国内企业，使市场竞争格局发生质变以外，这种直接并购我国实力企业的方式，避免了与中国实力企业的竞争。如柯达公司并购所有（除乐凯之外）国内洗印材料和照相器材厂家，形成市场优势地位。跨国公司凭借其技术优势、品牌优势和规模经济优势，构筑较高的行业进入壁垒，便可能把价格提高到完全竞争水平以上以获得巨额垄断利润。如果外资并购造成垄断，外商就有可能控制国内市场，制定垄断价格和瓜分市场策略，破坏市场竞争秩序，损害消费者利益。

②抑制本国企业的技术创新能力

外资进入国内对本地原有的科技产生一种挤出效应，外方控股实际上就是对“自主”的否定，外资通过并购把国内一些企业的核心部分、关键领域、高附加值的部分牢牢控制。依靠技术优势对外扩张的跨国公司，技术是其核心优势，如何保持技术的独占性是其特别关心的问题，因此跨国公司对先进的技术的扩散严加控制。另外由于跨国公司对其核心技术进行严密的控制与保护，限制了国内人员的参与和接近，特别是由于跨国公司拥有的技术大都是专有技术，加上严格的控制和对技术的保密，使得技术扩散大打折扣。跨国公司也往往采取种种措施，严格限制我国企业的技术创新。

③国有资产和民族品牌流失

一方面，国有企业是在中国建立现代企业制度的改革刚刚起步阶段建立的。我国企业资产评估制度和评估标准与跨国公司普遍选择的五大会计师事务所采用的某些国际标准存在差异，这就导致评估结果不一样，评高了外资方无法接受，评低了则出现所谓的国有资产流失。有些地区为获取更多的外商投资，对外资实施“超国民待遇”，并许诺给外商以丰厚的利润回报，造成了地区间的无序竞争和国家财富的重大损失。还有相当一部分企业未对国有资产进行评估，高值低估的现象更是普遍，从而造成国有资产的大量流失。另外由于国有企业“所有者缺位”及“内部人控制”，使企业内部存在经营者的道德风险、受贿风险问题，结果造成国有资产流失。另一方面，外资在并购中国企业后，把内资企业的品牌束之高阁，腾出来的市场空间迅速被外资品牌占据，使我国企业知识产权遭到践踏；或低价收购国内企业的股权、品牌或专有技术，吞食我国的民族品牌。在国内装备制造业的徐工机械、厦工机械、大连电机厂、西北轴承厂、佳木斯联合收割机厂、无锡威孚、锦西化工机械、杭州齿轮厂等外资并购案中，中方痛失品牌、市场和产业平台的残酷现实一再重演。

6.4.4 增值型项目

1. 基金

增值型投资基金是股票基金的一种，资本增值型基金投资的主要目的是追求资本快速增长，以此带来资本增值，该类基金风险高、收益也高。按基金投资的目的，可将股票型基金分为资本增值型基金、成长型基金及收入型基金。

2. 写字楼

现在的很多写字楼都被改成了自持，主要原因还是因为整体的写字楼市场不好，明显的供大于求，相对来说租赁好于销售，所以大家宁愿放着收租也不愿意直接卖断。对于开发商来说，现在国家对于写字楼还有相应的补贴，开发商自持之后不仅能够收到补贴，还可以将写字楼做成特色楼以及产业园模式，这样也是响应了国家的号召，不仅能够回本，还能给政府留下一个好印象。

对于鼎好来说持有那些地段好的写字楼，尤其是具有明显升值潜力的，对鼎好的发展和更新具有重要意义。

6.5 其他投资融资模式

6.5.1 RCP 模式

资源补偿型模式，即 RCP（Resource-Compensate Project）模式，通俗来讲即政府通过资源补偿的形式作为项目的回报模式，吸引社会资本参与项目的投资、建设、运营及维护。政府往往以特许经营的形式对项目进行打包，以竞争性的招采方式选择有相应资质和业绩的建筑企业。该模式以特许经营协议为项目合作的基础，以资源回报为项目盈利点，以建筑企业的投建管一体化为项目的实施保障，推动具备土地、矿产、文旅、康养等资源禀赋的项目进行开发建设和运营。

6.5.2 TOD 模式

TOD（Transit-Oriented Development）模式，即为以轨道公共交通为导向的区域开发建设模式，其轨道公共交通通常为地铁、机场、轨道交通枢纽、公共交通线路站点等，通过点状辐射周边，以交通枢纽引导人流向即流量，以上盖物业或周边配套开发建设为开发项目，建立一定范围的辐射半径，形成集通行、生活、居住、文教为一体的混合型业态发展。

6.6　鼎好的投资融资模式

城市更新范围一般为城市建成区内旧小区、旧商业区、城中村等，广州市在此基础上还包括棚户区，而深圳市明确表示城市更新与棚户区改造是相互独立的政策体系。上海市城市更新范围相对较窄，不包含政府已经认定的旧区改造、工业用地转型、城中村改造等地区。而北京城市更新包括居住类、产业类、设施类、公共空间类、区域综合类等 5 大类、12 项更新内容。

城市更新的实施方式一般包括综合整治、有机更新和拆除重建，三种方式的更新强度和更新内容各有不同（表 6-8）。

城市更新中不同实施方式特点　　表 6-8

分类	更新强度	更新内容
综合整治	少拆或不拆	外观修缮、加建电梯等辅助性设施，完善公共服务设施，增设或改造养老等社区服务设施，保护活化利用文物或历史风貌区及历史建筑等
有机更新	部分拆除	介于综合整治和拆除重建之间
拆除重建	大面积拆除或全部拆除	建设商业住宅、商业办公、酒店、公共配套等，通过置入新的产业，提升区域发展能级

鼎好项目的城市更新属于有机更新，融资模式属于基金类融资模式。长期以来，我国城市更新主要方式以拆除重建、更新后销售、重资产运营为主，与传统的房地产开发使用相同的金融支持体系。随着城市有机更新的发展，原有的金融支持体系已无法满足城市有机更新的融资需求，需要进行适应性的调整。

而对于不需要拆除重建，对原有物业重新进行功能定位、升级改造的有机更新型项目，则缺乏一套完整的融资支持体系。城市有机更新下的房地产链条多采用“投资—建设—运营”方式，金融支持需要适应这个链条的每个环节，针对各环节的融资需求特点进行创新，形成适应城市有机更新的融资模式（图 6-11）。在城市更新项目改造过程中，项目前期的不确定性和风险较大，更多需要股权方式融资；随着项目改造进程的深入，项目不断成熟、风险点逐渐排除，资产价值会逐渐显现，项目可更多利用债权方式融资；当项目进入运营阶段，随着经营现金流的稳定，可采取资产支持证券的方式进行融资。

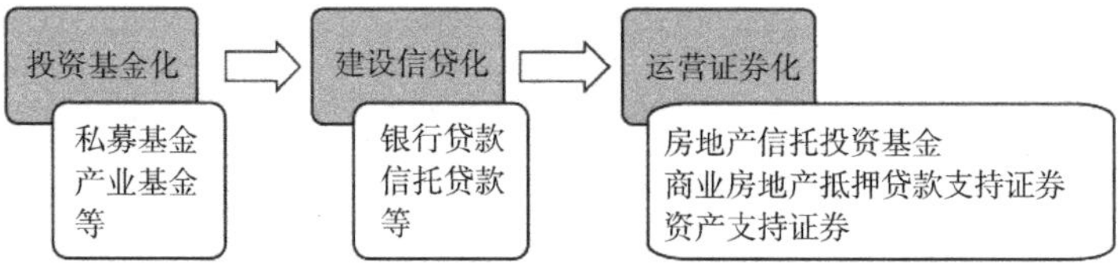

图 6-11　适应城市有机更新的融资模式

城市更新的投融资需要注意存在的投资融资的风险，产生风险的原因。企业的融资渠道与模式较为单一，过分依赖于银行贷款融资模式；受到土地资源的限制，该企业为抢占市场，普遍会抬高地价完成土地储备，但是在项目精细化等方面投入的精力偏低，未在项目前期充分论证市场开发、融资需求等，投融资决策分析整体表现出较为简单的水平，不利于企业的可持续发展。

商业地产融资风险是指由商业地产项目筹措资金而带来的风险，一方面是融资不能足额按时到位造成的项目无法顺利进行；另一方面是项目运营能力不够，无法满足资金投资方预期的回报，比如借债杠杆过高，或者融资成本失控，造成项目收入不足以覆盖借款本金和利息，导致项目公司破产。前者风险产生主要由政策和市场等宏观方面带来的系统性风险因素造成。后者风险主要是由于项目个体差异以及管理团队在执行项目中产生偏差，这些非系统性因素。对于系统风险，从项目角度出发，项目在计划过程中就需要考虑融资市场的时机问题，主要是考虑当下的政策风险和市场利率风险，具体来说：

1. 政策性风险

我国作为市场经济发展中国家，从住房改革到现在也就发展了 20 多年，对于商业地产这种资金密集型又关系到国计民生的大行业，一向是宏观调控的重点。首先，在我国特有的经济制度下，土地是全民所有制。地产项目开发的土地依靠国家出让土地使用权取得，即项目公司一次性向国家缴纳土地使用的租金。土地使用的性质不同其租赁方式也是不同的。例如按照土地性质不同分为商业、工业、住宅，分别为 40 年、50 年、70 年。做出投资决策之前要必须考虑到项目土地使用的后续持续年限。目前国家尚未正式出台土地使用权到期后的如何续期的法律法规，这给项目投资造成了很大不确定因素。其次，为了调控地产行业，银监会会发指导意见给金融机构，这都影响地产行业的债务融资。例如银监会出台过政策，规定地产行业的融资额度不能超过项目总投资额的 70%。

2. 金融市场风险

金融市场整体性波动对所有行业融资都造成影响，对于地产来说更是如此。例如 2008 年下半年开始至 2013 年，由于受世界范围内的金融危机影响，央行连续 6 次增加贷款基准利率，导致贷款成本不断上升。此外，银行基准利率上升，其他金融产品的要求回报率也必然要求更高。统计数据显示，2011 年房地产信托的平均期限为 1.86 年，平均收益率为 10.02%。此外，通货膨胀率、汇率风险也会整体影响项目操作过程中的成本控制问题。项目在筹划过程中，如遇到上述宏观调控和政策收紧的情况，则要更加谨慎对融资的金额和资金到位的情况进行考虑，多方面进行筹措。更严重的情况是上述政策或利率变化发生在项目运营过程中，或者刚结束开发阶段转向经营时需要长期资金置换开发阶段取得的短期资金。这种突然产生的资金成本上升甚至提前收回资金往往让项目企业措手不及。非系统风险，各个项目情况不同。对于非住宅类的经营性商业房地产来说，会受到经济周期发展影响。在经济发展上升阶段，零售业普遍不错，购物中心项目炙手可热，与此同时也会带动商业、旅游业、酒店、写字楼项目的发展。但是在经济下行时，这些项目的收入均会受到很大影响。商业项目最考验项目团队的运营，因此商业地产项目也伴随极大的经营风险，从而进一步引来融资风险，例如项目定位的风险。商业地产项目与一般投资品相比，流动性最差，没有公开市场价格，每个项目都是独一无二的。因此项目最开始的定位，包括项目的地理位置、面向的人群等分析都是至关重要的。此外，后期经营团队的执行能力也是经营物业能否升值的关键因素。这些属于项目的内部风险因素，如果不妥善管理会造成项目失败，融资资金断裂，项目资金提供方，无论是股东还是债权人无法达到预期回报。

6.7 鼎好项目的成本控制

6.7.1 地产成本控制简述

成本控制包含多个方面的内容，从字面意思来看，成本控制就是保证在项目开发的过程中，各生产要素都能够实现其效用的最大化，并且通过各种科学措施对生产环节中的资金支出做出控制，实现经济效益的最大化。对于房地产开发商来说，房地产项目成本控制的具体内容指的是对项目的投资做出有效的控制，包括了成本预测、核算预测等。从具体内容来看，成本控制指的是在项目建设的全过程中，对投资做出合理的把控，在允许的投资限额内，对开发过程中出现的偏差作出纠正，对人力、物力、财力等各方面的资源进行合理的利用，在保证预先计划投资目标得以实施的前提条件下，获得更好的环境效益、社会效益、经济效益。

6.7.2 地产项目成本控制的原则

在施工项目的成本控制过程中，主要应遵循以下原则：一是综合原则，要求施工项目的每一个环节、每一个时间节点都要有严格的成本控制，因此，需要对整个工程施工过程进行控制与优化。二是整体性原则，是指成本控制由各个环节构成，而各个环节成为成本控制的重要组成部分。从整体性来看，关键在于各环节之间的配合，也正因为如此，成本控制中的各个环节才能在内部实现合作，并不断地运用。三是系统性原则，建筑工程一般都会延续较长的时间，所以工程中包含的环节也同样很多，各个环节内部的影响因素较多，因此，应该对系统进行全面的控制。在工程建设中，要分阶段、分项目、分责任单位进行管理，运用价格控制手段，使建设目标与施工目标相一致，使施工过程有效、平衡。

6.7.3 鼎好的成本控制策略

成本管理，是房地产企业日渐重要的管理活动之一。可以说，在任何市场和竞争环境下，企业的成本管理活动仍有一定的富裕空间，这并非意味着

“成本”可以一压再压，而是说在成本管理的探索活动中，可以不断地发掘出潜在效益。国内房地产企业经过约 20 多年的发展，已初步建立了成本管理的内部机制和外部配套体系。开发商通过设计方案征集、技术咨询、工程招标、询价等方式引入外部竞争，可以将成本控制在一定的范围之内。但不同的企业即使操作相同的开发项目，从横向的成本比较看，仍存在较大的差异，这种差异在不同企业之间尤为显著。鼎好在城市更新项目改造中使用的成本控制策略就颇具特色，下面从成本控制特点、成本控制过程、动态成本监控三个方面入手，介绍鼎好的成本控制策略。

1. 成本控制特点

（1）全过程的成本控制

房地产改造项目具有高风险、高收益、投资期限长等特点，每一个项目的每个阶段的成本控制方法也不一样，所以地产项目成本需要分阶段、分步骤，在技术上、经济上、管理上进行系统的成本控制，因此，需要全过程的成本控制。全过程成本控制是基于项目的全过程，改变了传统造价管理的静态模式，转向动态造价管理。建设项目从投资前期开始，经历建设时期以及交付、生产运营时期，各项目时期则又包含一系列的建设实施过程。依据建设程序，建设工程从项目建议书开始，经历可研究性阶段、规划设计阶段、施工图设计阶段、招标投标及合同签订阶段、施工阶段、竣工验收结算阶段、交付使用及保修阶段等各个紧密相连的环节，共同组成建设项目的全过程。然而各个环节又由较多相互联系的活动构成对应的细节过程，故对建设项目全过程进行成本管理必须把握建设项目的各个过程以及应用“过程管理”。

（2）全员参与

在全过程控制的阶段中，经历了从可研究性到交付使用等各个阶段，需要大量的人员参与来完成，鼎好在此过程中要求全员参与其中，从设计、工程、成本、财务、前期到商管等各个部门，分别制定成本计划，实现精细化管理。

（3）合理判定

在进行项目改造时，主要以性价比为依据：以产品定位方案比选结算，设计合理的总目标成本。首先，进行多方案的比选，如结构改造、机电设备的选择等，在选好的方案中比选设计费、完工时达到的效果等。其次，考虑的全生命周期的成本，设定合理的交付标准。

（4）目标成本控制

在项目改造初期设定总目标成本，在各个环节分解、落实，分为方案版目标成本、施工图版目标成本，在成本控制的全过程进行监控。

总体来说，鼎好在项目改造时，所采用的成本控制是全周期、全专业、全人员、多方协同的，树立了“事前控制（以前期设计阶段为主）、事中控制（以项目实施阶段为主）、事后控制（以项目实施及竣工结算阶段为主）”相结合的理念。

2. 成本控制过程

（1）项目之初设定总成本

在项目之初，设定总成本目标，设置了总的目标成本，依据经验数据和初步确定的建造标准，进行分解和落实到各个部门、各个环节。

（2）设计阶段

设计阶段是设计阶段是用图纸表示具体的设计方案，设计方案确定以后，其实施方案和主要投入要素就基本确定了，因此这个阶段对成本的影响因素很大。一个成功的设计方案能节约造价成本，保证建设项目按进度进行，合理的设计是施工阶段成本控制的前提。

设计费用虽然在整个成本控制中费用比例占用很小，但它在房地产开发的成本控制中却有举足轻重的作用。合理的设计方案可以节约施工阶段的建造成本，因为当初步设计方案确定以后，其结构形式、外观设计、平面布置及装修标准全部应确定，它对整个总投资的影响很大，在技术设计阶段，只是对工程设计的合理性、可行性进行确定，而这一部分对工程造价的影响相对较小。只有设计上把技术和经济结合起来，优化设计方案，项目的成本才能得到有效的控制。下面是鼎好在设计环节的使用方法：

①通过招标投标选择质优、价低的规划设计单位及施工图设计单位。规划设计单位主要通过多方案比选和报价择优选择，比如：结构改造、机电设备的选择、设计费的高低以及想达到的效果等。

②进行有效的项目造价控制。首先，就是进行限额设计，每个部门对于各个环节都有一个限定的指标，从而满足总目标成本不会超标。其次，鼎好加强对设计图纸的审查和现场勘测，确保所有成本在可控范围内。最后，设

计阶段考虑工程全生命周期成本，综合计算一次性投入和后期使用费用。

③设定合理的交付标准。

④方案版目标成本编制。根据初步设计图纸，修订和调整总目标成本。

⑤施工图版目标成本编制。

⑥初步设计图纸完成后，依据初步设计图纸、利旧范围、项目建造及交付标准等文件进行目标成本编制，并将目标成本按照合约规划中的拟签合同进行一一分解，作为后续成本控制的纲领性文件。

（3）合约规划

合约规划是成本控制过程中非常重要的文件。合约规划须明确合同分类、需签订哪几个合同、每个合同的承包范围、施工界面划分、签约方式（两方、三方）等重要信息。通过合约规划编制，策划如何将整体工程的施工范围进行合理分解，并保证各个承包商施工界面划分清晰，做到既不重复也不遗漏。

（4）工程招标投标及合同签订阶段

工程招标投标阶段及合同签订阶段是最敏感的阶段，是成本控制非常关键的阶段，通过严格的工程招标投标，以及合同条款的拟订、合同的签订等工作，科学合理地制定控制价，能够准确地分析投标单位所报价格的合理性，有效保障评标、定标时做出正确选择。鼎好在此阶段的做法为：

①招标计划编制

根据工程进度需要，结合施工图纸出图时间，编制整体项目的招标计划，按计划确定中标单位，保证项目进度需求，成本可控。

②入围单位收集

多渠道推荐模式，避免围标，保证充分、有效竞争，取得合理的中标价格。

③加强招标文件的编制

在项目招标投标时，就应明确项目的特殊性，如场地大小、疫情等因素，要求施工单位重点考虑本项目的特点，编制切实可行的施工方案。对于改造项目的重点、难点及应保障措施在技术标及商务报价中充分考虑，避免出现事后不合理的支出。采用技术标与商务标评审相结合的方式，增加成本可控性。另外，除总包合同和部分供货合同外，均采用固定总价模式（变更签证除外），有效控制成本。

④招标投标过程中进行预见性管控

勘察现场，掌握项目情况，对于图纸中未体现的但会发生或预计会发生的项目，与设计部、工程部进行沟通，在招标清单中列项报价，同时在招标文件中明确须投标单位现场勘察并闭口包干的工作内容，减少后期因漏项而增加成本及谈判难度。

⑤通过招标解决图纸问题

从各专业招标开始，工程、合约两部门紧密协作，共同配合设计部，将图纸中的遗漏、错误、界面划分不清晰等工作前置，将大部分问题解决在施工前，保证后期施工的连续性及减少额外成本的增加。

（5）施工阶段的成本控制

工程施工阶段是最终实现并形成工程实体的阶段，也是最终形成工程产品质量和项目使用价值的重要阶段，需要集中投入大量的资金和各种资源。这一阶段影响项目工程成本的可能性为 10% ~ 15%，虽然节约投资的可能性已经较小，但浪费的可能性却很大，极易造成投资的超支。在施工阶段全过程中采用先进的施工组织新技术和科学的施工方案，严格管理增加工程量的变更签证发生，尽量缩短施工周期，降低工料消耗。因此，施工阶段的成本控制工作，在工程建设成本管理中仍然占有重要的地位。在此阶段，鼎好遇到的一些难点为：

①施工图纸与实际现状不符，较常规项目成本控制难度提高。

②改造项目普遍存在实际状况与原施工图、竣工图不符的情况。主要原因有：竣工图纸不准确、图纸保存不完整、后期使用过程中进行改造等。

③新图纸往往以原施工图为基础进行设计（竣工图通常为手绘，竣工图中涉及的变更洽商等资料保存不完整）。

④因原工程施工质量引起偏差。

基于以上原因，改造项目往往存在大量的设计变更或工程洽商，加大了施工管理的难度，且不利用成本控制。鼎好在此的做法为：

①对于固定单价合同，加强施工图纸审查，在施工图纸确定后，及时完成重计量及核对工作，避免不必要的成本增加。

②施工过程中应重点加强设计变更、工程洽商及材料核价管理工作，并建立相关台账核对机制。设计变更、工程洽商统一执行事前审批、完工确认、

一单一结、资料完整有效、原件结算等管理原则。

③产值审核、工程款支付并建立台账。按合同的完成量支付，施工过程做到索赔和反索赔的收集。

④施工过程中，落实好索赔及反索赔依据及资料收集、存档，为结算提供依据，降低风险。

（6）结算阶段的成本管控

结算阶段是真实反映建设项目的投资成本和工程全过程成本控制的最后一站。该阶段首先需要认真审核工程预结算以及决算，尽可能去除其中多算的工程量、不合理取费和与实际不相符的签证等导致费用增加的因素；其次需根据已有的材料市场价格信息，重点审查材料价格是否虚高；最后需要加强合同管理，实行依据合同逐项审查制度，通过具有法律约束力的合同使工程建设成本得以确认和控制。此外，在建设项目竣工交付使用后，需要根据项目建设程序和相关规定，对工程范围、进度和造价的变化情况进行分析比较，从而进行项目后评价，总结相关经验为以后的成本控制提供经验。关于这方面鼎好的做法是：

①对施工单位上报结算资料的符合性、真实性、完整性进行全面审核。

②甲方反索赔资料的整理统计。甲方反索赔类别包括：减少承包范围内工程、漏做工程、质量不合格工程、拖期、扰民、闹事、停工、不配合工作、偷工减料、代替品、对第三方造成损失的赔偿、由甲方代付的乙方应支付的费用、按合同约定应由乙方承担的其他违约金等。

③对于固定单价合同或涉及金额高的合同安排三方进行复审。

④项目整体结算完成后，及时完成项目成本后评估工作，总结经验教训，不断提高专业能力及管理水平。

3. 动态成本监控

除了上述鼎好在各个阶段的控制策略，还针对全过程做好了动态成本编制及管理。项目实施过程中，依据目标成本对项目成本进行全过程动态监控，把成本分解至各责任部门，并分别在每月、每季度、每年度和项目结束后进行动态成本分析，形成成本报表和成本分析报告，对于出现已超目标成本或预计超出目标成本的情况，及时启动动态成本预警，保证项目整体成本动态可控。

6.8 运营阶段投融资管理方式

6.8.1 运营模式

运营阶段采取资产支持证券融资，主要可实现如下目的：第一，依托资产信用进行直接融资。对无法依靠主体信用取得低成本融资的企业来说，通过成熟运营、有稳定租金收益的物业资产本身的信用，降低融资成本、拓宽融资渠道。第二，实现前期投资退出和持有运营的长期资金安排。当城市有机更新项目运营进入成熟阶段，能够产生稳定的现金流后，可以通过资产支持证券的方式，实现前期投资的退出，为持续运营提供长期的持有资金。

目前，从城市有机更新领域资产支持证券来看，主要包括类 REITs、商业地产抵押贷款支持证券和收益权资产支持证券。

1. 类 REITs

REITs 是通过投资购物中心、写字楼、酒店、服务式公寓等可带来经营收入的房地产，对这些资产进行份额化后以证券形式卖给投资者，租金收入和房地产升值作为收益，按照投资者持有的份额进行收益分配。REITs 能够为经营型城市有机更新项目提供长期的持有资金安排，为前期的投资提供退出方式，为社会公众提供投资渠道，促进经营型、轻资产运营型城市有机更新的长足发展。目前，我国尚没有标准 REITs 的发行，运营型的城市有机更新项目可探索发行类 REITs，待政策条件成熟时，通过发行标准 REITs 实现融资。

类 REITs 是在现有法规框架和市场条件下最接近标准 REITs 的金融产品，但其与标准 REITs 相比，主要在以下方面呈现不同：

第一，交易结构不同。类 REITs 实质是“资产支持专项计划”模式，通过设立资产支持专项计划募集资金，投资持有物业资产的项目公司股权，专项计划份额在交易所公开交易。出于税务处理和现金流分配的考虑，往往在专项计划和项目公司股权之间，设立私募契约型基金的特殊目的公司。而标准 REITs 是直接在资本市场上市融资和交易的股票或基金份额。

第二，原始权益人需求不同。对于原始权益人而言，类 REITs 的主要目的是解决融资问题，更多为依托主体信用的债权融资。而标准 REITs 的目的多是通过做动态资产管理，以达到扩张资产规模和提高回报率。对原始权益人来说主要是实现退出，回收资金。

第三，管理方式不同。类 REITs 的基础资产在存续期内相对固定，基金管理人主要进行被动管理。标准 REITs 可根据运营需要购置或出售物业来调整基础资产组合，进行主动管理。

第四，存续期不同。类 REITs 有存续期，如 3 年或 5 年，这些类 REITs 到期后需向投资人还本付息。而标准 REITs 是永久持有某资产组合，在不考虑退市的前提下不存在存续期的问题。

第五，投资人权利性质不同。类 REITs 进行了优先级和次级的结构化设计，其中优先级属于固定收益类产品。标准 REITs 收益通过分红和二级市场交易来实现，是股权性质的产品。

第六，募集对象不同。标准 REITs 的投资人包括机构投资者和中小合格投资者，持股比较分散，个人投资者大规模参与，流动性较好，REITs 是个人投资者投资房地产的一个重要渠道。类 REITs 目前仍以机构投资者为主，尚未对中小合格投资者开放，有待于投资人的多元化以及交易机制的创新来提升流动性。

类 REITs 更多还是原始权益人进行债权融资的一种方式，还未实现真正作为运营资产持有的金融工具。应尽快推出标准 REITs，为城市更新的股权投资提供退出通道。

2. 商业地产抵押贷款支持证券

商业地产抵押贷款支持证券是商业物业的资产支持证券融资工具，将单个或多个商业物业的抵押贷款组合形成基础资产，通过结构化设计，以证券形式向投资者发行。商业地产抵押贷款支持证券具有发行价格低、流动性强等优点，是商业地产融资的重要选择。以美国为例，目前商业地产抵押贷款支持证券占商业地产融资市场规模的三分之一。

3. 收益权资产支持证券

采取包租模式获取物业进行更新改造并运营的城市更新项目，不持有租赁物业的产权，但可在成熟运营后，将租金收益权进行资产支持证券，实现融资。

6.8.2 管理方式

运营阶段体现的特点是商业地产与住宅类开发最大的不同。住宅类项目基本在建设期快完成时，只要达到预售状态，就可以靠销售有资金回笼，逐步偿还第一阶段建设过程中的债务资金。然而，商业地产的运营期很漫长，商业地产主要依靠收取租金和后期提供物业管理收取服务费的方式盈利。在建设期完成后，运营阶段开始时首先进入市场培育期。这期间为了满足招商，吸引人气，商业地产项目持有者经常会采取降低租金、提供免租期、装修补贴等方式。这段时间虽然有现金流入，但是资金量很少。在项目运营成熟后，租金和服务费应能满足日常开支并开始对第一阶段时的债务有一定的清偿能力。所以，运营阶段必须进行好投资融资的管理。

鼎好正是采用这种全部租赁的模式，这种模式的优势体现在以下方面：

（1）促进投资的有效手段。

（2）精准的核算成本及灵活的付款安排。

（3）规避资产过时风险。

（4）个人性的协议安排。

（5）优化财务报表与信用评级。

（6）节约时间并降低成本。

（7）帮助客户开拓海外市场。

有优势就会有弊端，对于小规模租赁经营的项目，存在3个问题：

（1）起租租金太高，免租期短，经营方压力太大。

（2）面积小，租金总结低，对于有实力的业主没有太大的吸引力。

（3）租金总额不高，毁约成本低。

对于大规模租赁经营的项目，应考虑3个方面：

（1）区位选址符合经营要求。

（2）改造物业投入的资金量和时间。

（3）经营后3年的客户入住量和入住率。

要想让优势发挥得更大，更多的规避风险，就应该：

（1）项目公司是投资融资项目运营管理的责任主体。项目公司按照公司法、民法典、PPP项目合同（以下简称PPP合同）、股东协议、项目公司章程等文件要求和规定履行运营管理、资产管理职责；提供满足政府或业主绩效考核要求标准的运营服务，政府或业主支付可用性服务费和运营维护服务费。同时，项目公司加强风险预警及防范，避免违约事件及绩效考核扣减项目收益的现象发生。

（2）采用“请进来，走出去”的方式，通过对外调研学习，对内聘请相关有经验的专家亲临指导，培养适合项目公司自身运营维护领域的团队并做大做强。提前筹划部署，通过树立运营维护品牌，实现市场份额滚动发展，形成企业新的利润增长点。

第7章

seven

建筑群更新的运营服务

城市更新是为了拆除、改造、投资和建设城市中的衰败地区，以新的功能代替机能减退的实体空间，从而重新发展和繁荣。它包含两方面：一是对客观存在的有形物体（如建筑）进行了改造；二是从社会网络结构、心理定型、情感依附等软性方面持续更新。城市更新的转变并不只是硬体上的改变，还有软性服务改造，城市更新要做到有机运营（生态交互）才能让城市更新发挥软性的作用。鼎好大厦是生态、创新与产业并举并重的综合性项目，本章节重点介绍鼎好大厦与生态的结合以及运营服务，并且阐述在运营阶段所用到的工具数字化相关内容。

7.1 鼎好创新生态体系

高科技企业创新生态体系主要由创新主体、创新资源、创新能力、创新文化、创新环境五部分构成。

1. 创新主体

创新主体是指具有创新意识、乐于分享资源、实现协同创新的个人和机构。实际就是拥有强大的资源，并且愿意交换资源的组织、机构或个人，既可以是生产者，也可以是使用者。具体表现为：科研机构、大学、行业专家、配套企业、孵化企业、供应商、网络服务供应商、行业联盟或最终用户。

2. 创新资源

创新资源是指在开放式创新体系下能够影响创新行为发生并能带来竞争优势的各种投入，包括知识、信息、技术、人才和资金。如科研经费投入、风险投资、研发支出、研究基地、知识产权保护、创意获取、用户反馈等。

3. 创新能力

创新能力是企业的核心竞争力，它是企业利用知识、信息、技术、人才等进行创新并形成新产品和服务的能力，包括创意识别、资源整合、协同创新能力等。它能够给企业带来更高的利润和市场份额。

4. 创新文化

创新文化是指有利于创新主体形成创新能力的一种氛围，包括有利于创新的价值观念行为准则和利益共享机制。

5. 创新环境

创新环境是由政治、经济、社会、资源、基础设施等促进或者阻碍创新活动的因子组成。企业创新能力的提升取决于企业联盟内各环境因子的和谐发展。

当前面对着如此激烈的竞争环境与压力，各企业之间均利用自身的优势条件，去抢占来自其他地区的物质资源、发展空间以及外部机遇，并以此来推动自身的快速发展。在此背景下，提升一个区域或者企业的竞争力水平就显得尤为迫切，而鼎好大厦就是将创新和生态进行了一个很好的契合。

所谓生态是指生物在一定的自然环境下生存和发展的状态，指生物的生理习性和生活习性；生态（Ecology）原于古希腊字，意思是“家”（house）。它是一门有关动物与有机、无机环境之间的关系的学科，包括生物群落、自然环境和能源流动，即在特定的空间中，所有的生物和非生物因素，都是由能量与物质的循环而形成相互关联、相互依存的动态复合体。一个全球性的生态系统，将生物与岩石圈、水圈和大气的相互作用联系在一起。生物圈是一个具有自我调节能力的封闭体系。而从生物的生态圈中鼎好将生物圈冠以自己的理解，衍生出来的就是各行各业各种角色聚在一起的产业生态圈。

产业生态圈是指一个特定产业在一定地域内形成的具有较强市场竞争能力、可持续发展的多维网络体系。从生产的维度来说，产业生态系统包括生产前和生产后的生产企业；纵向以及横向行业；龙头及周边公司；生产某种特殊部件的公司。从科学技术的维度来说，产业生态系统是产业科研、设计与实验的过程。专业服务机构为行业提供市场、信息、销售服务等服务；拥有相应的优势工业、相关的专业技术人员和基础架构；了解有关的市场运作和商业关系。产业生态系统在产业政策、法规、服务等方面有一系列的政策措施，以维护良好的生态环境和生态秩序，带领特定行业机构（即相关金融机构，如风险投资公司、风险基金公司等）发展，并负责科学规划和基础设施建设，为产业的发展创造人性化的生态环境。对于鼎好大厦从城市更新以及其自身的角度来说生态是有必要的。

1）从城市更新的角度来说

城市更新是指在某一地区进行拆迁、改造、投资、建设，以全新的城市功能代替原来的功能，以达到它的发展和繁荣。它的主要内容有两个：一是对诸如建筑物这样的客观实体进行改造；其次是社会网络结构、心理定式、情感依附等软性的持续与更新。

2）从鼎好自身的角度来说

（1）政府推动力。“十三五”期间，要把结构调整作为主要任务，把重点放在实体经济上，把供给侧结构性改革作为重点，把新兴产业和传统工业进行改造，加快形成创新能力强、质量服务优、协作紧密、环境友好的现代产业新体系。推动传统产业的转型升级，实施重大技术改造和提升工程，完善相关配套政策，引导企业瞄准国际先进标准，提高产品技术、工艺装备、能效环保等水平，实现重点领域向中高端的群体性突破。强化对消费品供给的专项治理，鼓励以大型企业为核心的兼并重组，形成高集中度、细化分工、协同高效的产业结构，为中小企业提供专业服务。中国正处于一个新的发展时期，这就是要推进科学技术的高度自主，建立科学大国。当前，全球科技创新水平空前提高，在全球范围内，科技创新已成为全球战略博弈的重中之重。与此同时，科技与产业的变化也在改变着世界的创新模式，改变着世界的经济。当今世界处于科技、工业、经济、社会转型的历史转折点，既面临着空前的历史机遇，又面临着日益扩大的发展差距。面对国际经济科技竞争格局的深刻调整，我国应把握新一轮科技革命和产业变革的战略机遇，着眼长远，做好国家战略科技力量的顶层设计，推动我国科技自主创新，以原始创新打造国家战略科技力量核心竞争力，在全球经济一体化的大背景下，各国创新中心的形成和发展，取决于创新主体与创新环境、地方创新体系与全球创新网络的相互作用，其发展特征与态势因区域特征的不同而表现出明显的特征，而各国的发展路径也有相似之处。国际技术创新中心的共性和发展方式的总结，是深刻认识全球科技创新中心发展规律的基本内容，也是研究制定全球科技创新中心发展战略的基础。

（2）区域资源。鼎好地处中国硅谷地区即北京海淀区中关村科技园核心区。20 世纪 80 年代初在中关村电子商务街区建成，是中国首个国家级高新区、首个国家自主创新园区、首个人才专区、京津石高科技产业基地。素有“中国硅谷”之称的中关村科技园区，是我国的制度创新实验区。中关村科技园区也是科技、教育、人才最集中的地区，拥有 41 所高校，包括北京大学、中国人民大学、清华大学，以及 206 所中国科学院、中国工程院下属的科研机构；现有 67 个国家重点实验室、27 个国家工程技术中心、28 个工程技术研发中心、26 个高校科技园区、34 个留学创业园区。

（3）交通体系便捷。轨道交通有地铁 4 号线、地铁 10 号线和北四环路均在周边，为使用者提供了便捷的出行选择。公共交通有 25 条公交路线，便捷无阻，通达全城。航空枢纽方面，首都国际机场、北京大兴国际机场高效接驳 24 小时。环状地下交通线路串联中关村西区，打造快速交通联络网。

7.2　鼎好项目与生态的结合

鼎好创新生态是基于生态圈的商业模式，与自然界的生态系统一样，位于区域或城市创新生态系统内的企业与其他的主体要素相互联系、相互制约，每一个主体都有其特定的位置与功能，并与其他主体建立了密切的联系。信号创新生态系统本质上是多要素组成的区域创新生态系统，而在该种模式下鼎好将重心从企业内转向企业外，从经营企业自身能力和资源转向撬动价值平台相关企业的能力和资源。鼎好成为第一个从一开始即按照科技创新生态打造的城市更新运营服务新空间，它不仅是一栋办公楼，而是一个为全球和本土公司建立的科技创新生态平台，用科技的力量去改变世界，在中国为全球服务。这种独特的模式衍生了独特的三个特征，即“轻”投入：创造超级“附加值”，硬件容易被模仿，生态产业链形成后聚集效应明显，短时期很难被超越；不可模仿：区域、智力资源优势巨大。

鼎好的创新生态体系内聚集着需要创新的企业，包括初创企业、成长企业、成熟企业，凝聚着对创新满怀热情的创业者、办公人群、区域其他人群、投资人、合作伙伴和导师等多种元素的融合，还拥有政府和各类科研机构的支持，其中囊括了企业从初创期，发展期到成熟期的科技生态。鼎好不仅着眼于简单优秀企业的引入，还选择优秀的合作伙伴打造业内标杆并取得政府支持；政府同时反哺企业及高校资源，打造产学研的频繁聚集交互，吸引高校人才与创新源头，推崇科技领袖及行业领头人（图 7-1）。

图 7-1　科技生态

鼎好构造的全新生态环境包含了传统写字楼、空间立体创新式办公空间、创新沙龙、发布展示、会议空间、游民驿站、文化艺术空间、商业空间、乐空间、个性空间（解压、冥想）、智能智慧楼宇、区域环境、交通环境、政策环境、经济环境、智力资源，是集设计、改造、装修、运营于一体的全新环境（图 7-2）。

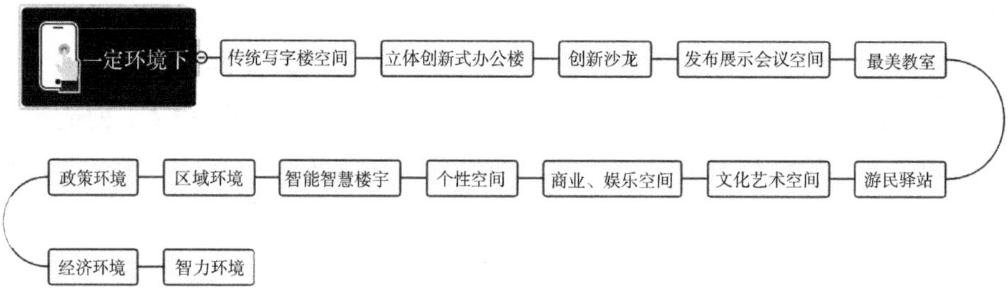

图 7-2　生态环境

7.3　鼎好的运营服务

鼎好的运营服务是在独特的创新生态环境及鼎好与生态的结合之下衍生出来的运营服务。在新型运营模式下不仅硬件配备齐全，而且整楼 Home+，舒适无忧，工作场所即是家的感觉。人们愿意 996，愿意上班，愿意在这里洽谈、加班、休闲、约会。

此外还有十分优秀的软性服务：中小企业获得陪伴式服务，大企业获得跨界创新服务，通过平台与空间形成企业之间自然交互，产生化学反应，加速企业发展。结合产学研，通过 TOB、TOC 服务，加快科技成果转化，为城市发展提供研发、创新平台。鼎好的生存发展状态如图 7-3 所示。

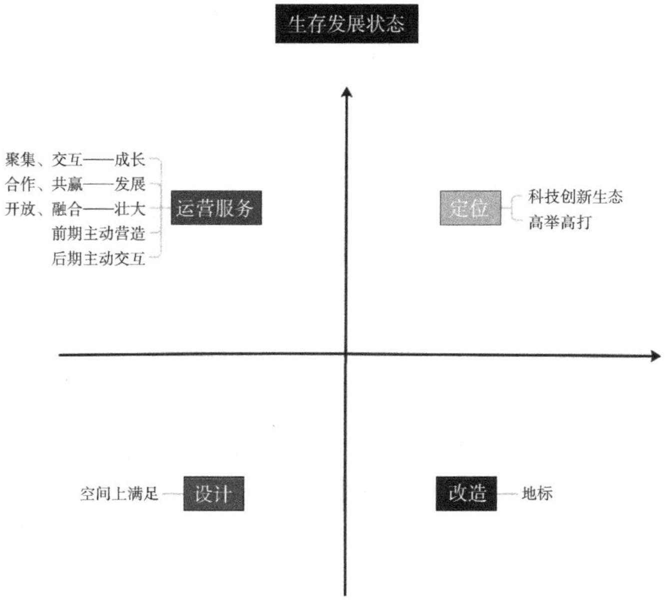

图 7-3　鼎好的生存发展状态

当前，鼎好建筑群城市更新过程可以分为两个层次，第一个层次是鼎好在独特的创新生态环境的条件之下，在鼎好与生态的结合之下衍生出来的运营服务；第二个层次是建筑数字化的过程。当整个建筑数字化达到一定程度后抽象出更深层次的软性服务，再把软性服务构建在数字化的算法基础之上，通过计算机的深度学习，建筑可具备智慧，实现智慧建筑与数字化运营。

7.3.1　建筑数字化的概念

随着我国城市化进程的加快，城市更新已经成为一个重要趋势。城市空间发展模式逐渐从高速“增量扩张”向高质量“存量优化”转型，所谓的都市更新，就是对物质空间或物体进行改造，例如对街区的整修和房屋的部分整修，以恢复都市中的衰败或衰落的区域。迄今为止，我国的城市更新已经过四个时期：第一代传统的都市设计是以建筑的基础和空间组织为主；第二代现代派都市设计以技术支持、功能分区、立体抽象组织为主要特点；第三代绿色都市的建设是以生态优先、可持续为基础；第四代数字城市是在信息化时代产生的，它是以人机互动为基础。建筑数字化领域对于智慧城市更新的赋能可从三个层次展开。第一，现有建筑的智能化改造。从城市更新的种类来看，既有面向单体建筑的改造翻新，也有针对都市街区的综合整治，还有旨在促进文物保护建筑和历史文化街区焕发新机的保护与再利用。第二，智慧技术的基础设施化。城市更新并不仅满足于楼宇翻新，智慧城市更新同样也并不停留在对现有建筑进行智能化改造。通过更新，促进城市发展、满足市民工作生活所需才是城市更新的追求目标。而这一目标的实现则有赖于基础设施的不断完善，具体而言就是要推动符合网络化、数字化、智慧化发展方向的新型基础设施建设。第三，新型智慧城市的整体塑造。从建筑智能化到智慧技术的基础设施化，第三层次的建设将赋予智慧城市更新能力，是建设新型智慧城市的必要条件之一。从城市更新的目标来看，在智慧城市理念提出以前，信息化建设就已经在城市中萌发。新型智慧城市的建设理念是以人为本，依托于“新基建”形成的坚实数字底座以及数据融合、城市共建等，旨在形成市域范围内的智慧生态圈，为城市问题提供系统化的解决方案。一言以蔽之，建设新型智慧城市是新时代城市更新与治理研究新技术共同作用下智慧城市更新的未来愿景。

数字化包含数字化的二维图纸、三维模型和数据库等不同信息载体，旨在统一产品在数字化后的表达方式、涵盖内容、信息组织方法等内容。其目标追求的是产品定义和信息描述的标准化及一致化。建筑业的数字化将传统数字化拓展至建筑中，借助 BIM 信息模型技术实现有效的建筑信息管理和沟通。

7.3.2 建筑数字化的发展历程

数字化改造为城市更新提供了新的思路和解决方案，这是一种全面、立体的城市更新。“十四五”提出加快数字发展，将发展数字经济、加强数字社会和数字政府建设作为重要内容。现今阶段以 BIM 技术等核心方法针对设计阶段的建筑数字化，通过逆向信息化技术的建构实现了建成信息的数字化描述，同时BIM建成模型还可支持以建成信息为基础的各类建筑与城市的智慧应用，以此来推动建筑业可持续发展，促进建筑智能化。

2020年，中国经济面临着巨大的下行压力，不稳定因素显著增加，在新冠肺炎疫情和全球经济环境的双重冲击下，新的发展增长点，例如工业互联网、智能制造等，则要积极主动地融入传统、实体经济中，以应对疫情、国际环境对我国经济发展的负面影响。这对中国在2020年成为全球唯一的经济增长大国起到了很大作用。在新的发展机会面前，国家在2020年1月公布了《数字经济发展第十四个五年计划》，其中明确指出："到2020年，数字经济将会得到全面的发展，其中的核心产业将会占到GDP的10%。"随着新技术的迅速变化，智慧城市的数字化更新除了要有空间变化之外，还要引进与未来发展需求相匹配的数码产业，通过产业转型、业态升级、生态塑造，为都市发展营造强劲的内生性动力。

北京要加速数字化转型，必须深刻认识到城市作为科技创新的重要载体，数字化转型对城市的发展具有特殊的意义，特别是在现代都市，海量的信息流、技术流、资金流、人才流、信息流、技术流、资金流、人才流，这些要素高度开放、层次繁多、要素庞杂、相互关联，形成了一个复杂的城市体系。北京、上海、深圳、杭州都提出了要推动数字化转型，建设以数据为基础的数字化城市体系。2021—2025年，北京将大力推进城市更新项目信息化、数字化、智能化升级，并将区块链、5G、人工智能、物联网、新型绿色建材等新技术和新材料，广泛布局智慧城市应用场景。在智能交通领域，将通过整合地铁站点来推动城市更新，使其与周边商业、办公、居住等功能相结合，以完善公共服务，营造良好的开放性，提升区域的活力和品质。

7.3.3 城市更新项目数字化的需求分析

1. 传统运营存在的问题

无论是百年古建、老旧住宅，还是存量建筑、地下管网，都需要用更加精细的管理和保护措施，这其中，如何处理好与城市和人之间的关系，改变过于依赖人为修复和经验判断的传统路径成为一大难题，而数字化成为破题的关键。

随着工业4.0与数字中国的不断推进，产业数字化浪潮席卷全球，根据普华永道2018年全球数字运营调查，到2030年，数字化和智能自动化将为全球GDP增长贡献14%，相当于15万亿美元。由此可见，产业数字化市场广阔。

对已经身处数字化变革的建筑行业而言，处理和利用好海量的建筑工程及运营数据，是实现数字化变革的最关键因素。在此形势下，推进数字化建设、数据驱动、平台支撑，实现建筑业与数字技术的深度融合，构建设计施工运维全生命周期、全产业链、全价值链信息互动的建筑业新生态成为必然。

作为建筑生命周期最长的阶段，也是项目收回投资和获得收益的重要阶段，运维在数字时代的重要性不言而喻，如何提供高效、透明和面向用户的服务是建筑运维的价值所在。

（1）传统工程交付方式粗浅，数据无法重复利用

过去，项目交付通常是大量离散的数据集合，如施工文本数据、竣工图、支持竣工数据和项目图像数据，这些数据以电子形式保留，而这些数据在建筑运维阶段查询与利用困难，不方便以后的建筑运营和维护工作。因此，如何将各个阶段的数据相互关联，形成辅助运维管理的结构化数据，实现建设项目信息从设计、施工到运维阶段的有效传输，已成为打破传统运维首先要解决的问题。

（2）建筑系统相对离散，集中管控程度较低

随着建筑内设备数量的增加，建筑基础设施呈现规模大、结构复杂、品牌多等特点，各系统相对独立，需要专业的运维人员针对各自系统进行运行维护管理，需要投入大量的人力成本，同时设备往往很难充分利用，设备运行效率较低，造成了建筑运行维护工作十分困难的局面。

（3）“救火式”维护，运维业务流程不成体系

当前，绝大部分施工作业都是靠人力来完成，因为缺少一套行之有效的流程控制机制，使得运维工作一直是“救火式”，而这种以事后处理为主的运行方式，往往会导致设备异常定位、应急响应速度缓慢。因而，在施工过程中没有做好准备、没有后续跟踪、没有可追溯性，使得传统的运维管理经验不能得到充分的利用，不能适应施工管理的需要。

2. 城市更新项目数字化运营的机遇

为应对新环境下的三大运维挑战，新型智能运维将运维工作的三大部

分——监控、故障定位以及管理融合为一个核心机制。这一机制包括了事前的智能预警、事中的实时跟踪和事后的快速定位，同时还支持夜间无人值守和远程集中管理。

BIM、IOT、云计算等新一代信息技术日趋成熟，为新型建筑运维提供了转机。自 2000 年 BIM 技术引入中国后，以其良好的拟真性、可视化及信息承载能力受到建设工程领域各方的青睐。BIM 技术在建筑领域的应用也越来越成熟。目前，BIM 技术可以应用于现代建筑的各个阶段，如前期规划、模型创建等。在实施阶段和运维阶段，还可以使用 BIM 技术完成数据存储、集成、分析等一系列工作。BIM 技术的出现，以其在可视化分析、大数据管理、工作协作、信息共享等方面的技术优势，为建筑数字资产的留存、全生命周期管理提供了途径。IOT 技术作为智能建筑的“眼睛”，与 BIM 技术形成了一种相互补充的关系。利用 BIM 技术，可以在建筑内部进行实时的采集、处理，并通过 BIM 技术对建筑内部各要素进行有效的定位和管理。

因此，将 BIM+IOT 技术应用于传统建筑运维管理的信息化改造，引导建筑行业向集约化、智能化发展，以实现建筑的数字化管理。节能减排和可持续发展已成为建筑业发展的必然趋势。

7.3.4　城市更新项目的数字化场景应用与展望

1. 数字化运营的设施管理及维护

设施管理是一个专业，包括多个学科，并集成人员、地点、过程和技术，以确保建成环境的功能。它的目标是通过规划、整合和维护有效的人类生活环境管理和最新技术，将物理工作场所与人、机构的工作任务相结合，从而维持商业空间的高质量生活，提高投资效率。

数字化运维的设备管理和维护包括设备台账的建立和更新、设备巡检、设备的维修和保养、工单管理。设备台账的建立能够实现不同场景下的可视化管理，管理设备资产的整个生命周期，从入账到该设备的损坏进行全流程把控。BIM 模型的设备信息用于建立设备台账，并将建筑相关设备的信息组织汇总到录入流程中，进行建筑定位和编码，以便在系统中看到其产品信息、建筑信息和维护信息。产品信息包括其工厂信息、采购价格、采购商等信息；施工信息包括其安装时间、安装位置、安装过程简介、安装人员等信息；维护信息包括设备更换信息、操作员信息、检查记录等信息；系统支持设备信息的录入、修改和保存。数字化运维的设施管理和维护可以满足跟踪记录设备和零部件在存储、折旧、维修、维护、更换和报废中的工作要求。

为确保建筑物的正常和安全运行，建筑物设施的正常运行是前提，对建筑物设备和管道进行良好的检查和维护是确保建筑物安全运行的基础。设备巡检过程利用多维数据结构建立项目工程数据库，并与BIM模型捆绑。通过模型展现和查询系统、设备之间的控制逻辑拓扑和供电回路、地理位置、安装盘柜等信息，实现三维智能故障检修辅助。

设备的维修和保养主要用于各建筑物及相关设施和设备的日常运行和维护，包括按需维修、定期维修、设备大中型维修，能够快速方便地获取应急维修设备数据，并进行低成本、高效率的管理工作。

工单管理在设备服务企业的内部管理中得到了广泛的应用，能够对工作单进行有效的记录，对服务过程进行规范化。管理体系的内部流程是否自动化、是否与实际需求相一致、是否标准化，这些都决定了一个好的工作订单管理体系。工作单的起始、发放、接受、验收，已经形成了一条完整的工作流程，主要包括发起人和维护人员填写作业单，确定装备与维护部门绑定，如果没有，就会被指定给各小组组长。如果有，由相关的维修小组组长向小组成员派发订单，小组成员接受后，将其提交评审，如果不合格，再任命一名组长，审核合格，派送完成。

2. 数字化运营的空间管理

建筑空间管理是业主对建筑空间的管理，旨在节省空间成本，有效利用空间，并为用户提供良好的工作和生活环境。有效的空间管理不仅优化了空间和相关资产的实际利用率，而且对在这些空间工作的人员的生产力产生了积极影响。空间管理包括租赁管理和运营费用管理，其中租赁管理显示建筑中某个区域的租赁、未租赁和待租赁状态，以及费用的支付和待处理状态。运营费用管理则是指管理建筑物的运营费用，包括能源费、水费、维护费用、安保费用等。

数字化技术在空间管理中的应用能够使得空间管理可视化。现今推行的技术形式为BIM运维平台和三维激光扫描技术。BIM运营平台的空间管理，是为了节省空间，提高使用效率，为终端用户创造一个更好的工作和居住环境。BIM 技术不但可以对建筑设施、资产等进行高效的管理，而且还能协助管理小组对空间利用状况进行记录，解决终端用户提出的要求，并对已有的空间利用进行合理的分析。此外，该系统还能协助管理人员对空间的使用、对终端用户的需求进行记录、对已有的空间利用率进行分析，并对其进行合理的配置，从而保证对空间的有效利用。具体来说，首先主要应用于照明、消防等系统与设备的空间定位。通过对各系统、装置进行空间定位，将原始数据或文本以立体的形式呈现出来，直观、形象，便于查询。其次，对室内空间设备进行可视化。建筑工业的传统资料主要集中在平面图和各类机械设备的操作手册上，因此，专家们必须利用这些资料来了解建筑的情况，并据此做出相应的反应。利用 BIM 技术，可以创建一个三维可视化的模型，并能从这个模型中提取并调用全部的资料和信息。举例来说，在翻修过程中，可以迅速获取与管道、承重墙和其他不可移除的建筑部件有关的属性。

BIM 技术在空间管理中的应用具有以下优点:（1）提高空间利用率并降低成本。有效利用空间可以降低空间使用成本，进而提高组织的盈利能力。BIM 技术与数据库、可视化图形的集成可以跟踪建筑物的空间使用情况，从而可以灵活、快速地收集空间使用信息，以满足生成不同详细报告的需要。如果进一步使用空间保留管理模块，可以安排共享空间资源的使用，从而最大限度地利用空间资源。（2）分析报告要求。提供准确详细的空间面积使用信息，以满足生成各种报告的需要。如果由第三方提供资金，某些评估数据与实际数据之间的差异可能导致重大现金流损失。因而，信息系统中的空间分配功能允许按组织内的部门详细细分空间使用情况，以满足不同情况的需要。（3）支持空间规划。空间管理系统包括各种支持规划的工具，例如添加和重新分配空间；提前整合空间区域要求的要素，如人员配置变化和功能需求，以帮助各部门了解对空间使用的影响；生成指定的详细报告以支持空间规划。此外，报告还可以转换为 Word、Excel 和 Adobe PDF 文档格式，并通过 Web 终端发送给组织内的其他相关部门。

三维激光扫描技术是 20 世纪 90 年代中期兴起的一种新技术，它是继 GPS 卫星导航技术后的一次重大突破。该系统能够快速获取被测对象的三维坐标，具有较高的分辨率和较高的精度。它能快速、大量地收集空间点的信息，为快速构建三维立体影像模型奠定了基础。由于表面的复杂程度较低，而且表面取样密度足够高，所以三维成像技术和相关的数据建模技术在过去的数十年中得到了快速的发展。激光扫描仪是以3D激光扫描器为基础，以物体的三维点云数据为基础，而现代建筑是一种非常规则的几何结构，需要3DMax三维模型软件进行扫描，将点云的形态与几何元素结合在一起，形成点、线、面等几何要素。这种技术能够对各种复杂的现场环境进行深度扫描，能够将各种不同实体的三维数据直接存入电脑，并迅速重构出物体的三维模型和点、线、面、体等不同的空间数据，得到空间数据、材料、构件类型、大小、色彩以及其他需要的数据。三维激光扫描技术具有快速、自动化、高精度等优点，在建筑工地、室内设计、古迹保护、建筑改造等方面得到了广泛的应用。

3. 数字化运营空间管理层面的需求

在空间层面上，作业队伍的任务主要是迅速定位和空间设施的空间管理。因为提供相应的三维几何模型，所以维修和操作人员能够迅速而精确地找到需要维修的设备，特别是那些隐藏在墙壁、顶棚和楼板里的设备，这样可以节约大量的人力和时间来进行定位。另外，为了更好地展示空间的利用，必须精确地计算出空间的面积。利用BIM技术进行空间定位和空间功能的合理安排。

4. 数字化运维的能源管理和环境管理

数字化技术运维的能源管理主要由楼宇能源管理系统和楼宇自动控制系统组成。如今能源问题日趋紧张，如何实现建筑节能已逐渐成为建筑业主最关心的问题之一。针对这种情况，建筑的未来发展方向必然是节能环保和多学科技术大规模协调运作的。以建筑能源管理系统为核心，对所有与能源使用相关的系统进行整合和协调控制，科学选择和制定能源管理控制方案，并在保证楼宇安全舒适的前提下实现楼宇的智能化，最终实现楼宇节能减排的效果，与此同时提升楼宇的品质。

建筑能源管理系统是一种集中监控、管理和分散的建筑管理与控制体系。该系统可以接收并转换为建筑内部的数据，以提高使用效能和使用者的舒适度。

建筑能源管理系统按功能划分可分为四层（图7-4）:（1）现场设备层。包括测控、保护装置、仪表、楼宇自动化、门禁、智能空调、UPS、电梯、配电、消防等子系统。（2）网络通信层。通信网关把各个分系统所采用的非标准化通信协议转化成标准化的协议，再将监控资料及设备的工作状况传送至智能楼宇的能量管理平台，再由主站将各类控制指令传送至现场装置。（3）监控层。除了能与国内外建筑控制厂家的各种检测、控制设备形成一个完善的监控体系，实现全流程的可视化，还能整合“第三方”的软硬件系统。实时历史数据库为企业信息化系统提供了大量的客户机应用软件和开发工具，对企业级的应用软件提供了大规模的支持，并在内部实现了高数据的压缩，并最终实现了大量历史数据的存储。（4）能源管理层。该系统能够为企业的运行提供充分的信息（包括建筑能耗、电能质量、各子系统的运行状况、能耗信息），以便确定最佳的能源利用方案，使设备运行达到最优，并通过联动控制来进行节能管理，进一步提高经济效益和环境效益。

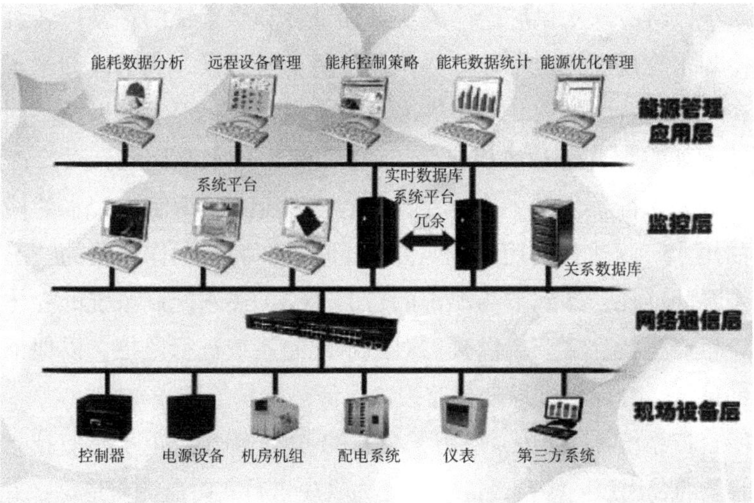

图 7-4　建筑能源管理系统框架图

楼宇自动控制系统是由暖通空调自控系统和照明自控系统组成的。暖通空调自控系统是智慧建筑中冷热源的主要组成部分，包括冷却水、冷冻水和热水制备系统，暖通空调自动控制系统尽可能降低电耗，实现节能运行。系统分为空调末端监控和冷热源监控两部分。通过控制和监测功能，实现减少水泵耗电的目的（图 7-5）。

空调末端监控系统包括新风机组系统、空调机组系统、变风量系统。其监控特点如下:(1)新风机组系统的监测为新风系统中的水—水热交换器,其特点是在夏天,冷水进入新鲜空气进行降温、除湿。(2)空调机组系统监控空调器相应区域的温度和湿度,所以,向该装置传输的输入信号也必须包含要调整区域的温度和湿度信号。在调谐区范围大的情况下,要设置多个温度、湿度的测量点,用各测点的平均或各测点的重要位置作为反馈信号;若调谐区远离空调机组 DDC 装置的安装位置,则可在调谐区内专门设置和安装智能数据采集装置,经测量信息处理后,经现场总线传送至空调机组 DDC 设备。(3)变风量系统是一种新型的空调方式,在智能化大楼的空调中被越来越多地采用。带有 VAV 装置的空调系统的各环节需要进行协调控制。

冷热源监控系统由冷却水系统、冷冻水系统、热水配制系统三大部分组成,其监控特性如下:(1)冷却水系统的功能是利用冷却塔、冷却水和冷却水管路系统,将冷却水供应给冷冻机,保证冷却水系统的正常运转及冷凝器一侧的冷却水充足。针对户外气候、制冷负荷等因素,调节冷却水工况,保证水温在规定的范围之内。(2)冷冻水系统由制冷机蒸发器以及不同的冷却水装置(例如空气调节和风机盘管)、冷冻水循环水泵构成。对冷冻水进行监控的目的是保证蒸发器中有充足的水,确保运行;为制冷用水的使用者供应充足的用水,以达到使用者的需要;同时,在满足工作需要的情况下,尽量减少水泵的能耗,达到节约能源的目的。(3)热水配制系统的主体是换热器,用于生产生活、空调、供暖。对热水配制系统进行监控,以保证热水系统的正常运行,对传热过程进行监控,保证热水供给的各项指标。

照明自控系统(图 7-6)采用了最新的 EMF 调压及电子感应技术,集成了一个智慧的公用照明平台,能够对电力供应进行实时监测与追踪,并对各电路的电压、电流幅度进行平滑调整,以改善照明电路因负荷不均衡所造成的额外电力消耗,进而改善照明电路的功率因数,减少灯具及线路的工作温度,最终实现照明控制系统的最佳供电。采用智能照明控制,可以节能 20% ~ 40%。它具有良好的适应性,能在各种恶劣的电力系统和复杂负荷条件下持续、稳定地工作,并能有效地提高照明设备的使用寿命,减少维修费用。根据工作环境的不同,可将其分为单相和三相两种。其主要作用是:(1)美化环境;(2)延长照明设备的使用寿命;(3)节能;(4)照明和照明的协调;(5)全面的控制。

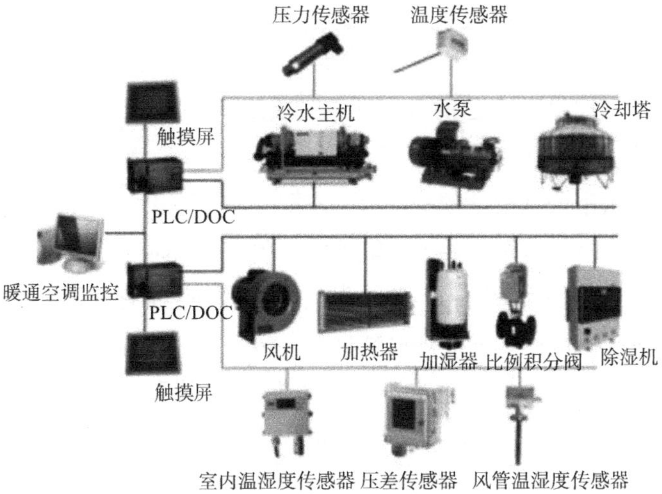

图 7-5　暖通空调自控系统框架图

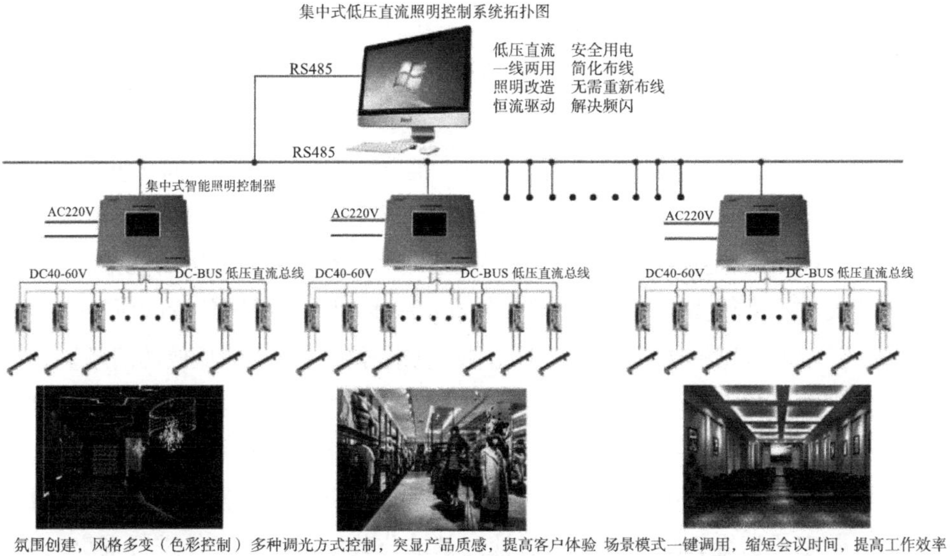

图 7-6　照明自控系统框架图

数字化技术运维的环境管理主要涉及对室内空气环境的管理和检测。通过计算机网络技术、空气质量传感检测技术、数字可视化技术等，实现智能化、网络化、自动化、智能化的综合集成，构成一套完整的“智能化楼宇空气质量监控系统”。对各小区的空气质量进行计算、分析，并利用有线、无线网络、多媒体、无线网络、智能手机 APP 等多种方式，将其转换为可视化的公告，让所有人都能实时掌握自己的室内外空气质量状况。

5. 数字化运维的消防与应急管理

消防作为城市公共安全的一部分，在智慧城市建设浪潮中有着重要地位和作用。在大突发事件背景下发展智能消防，提高防灾应急、安全生产和应急管理的综合能力，已是大势所趋。创建新型数字消防建筑是建设智慧城市的必要探索，也是未来智能消防发展的必然选择。传统的消防检查主要依靠检查人员的工作经验进行现场判断，此外，受现场和时间的限制，无法立刻发现错误。

火灾信息模型是以 BIM 技术为基础，通过对建筑全生命周期的分析，实现从需求、规划、设计、安装、维护等各个环节的综合管理。利用模型中的虚拟建筑部件，结合建筑类别、防火等级、消防设施、建筑布局等因素，使用计算机进行火灾建模和模拟演练，并根据火灾现场的实际情况，对火灾进行可视化处理。消防检查人员可以通过三维模型的显示，指挥前台验收支持人员到达指定位置，直观对比实际消防施工图片和三维模型，消防施工和设计的符合程度一目了然，并且模型可以作为验收数据存档，供日后查看。此外，消防信息技术还具有消防设备快速定位、消防设备信息查看和即时更新、设备真实状态可视化和准确表达、信息呈现清晰等优点，BIM 管理平台可以通过 BIM 模型准确定位报警位置，并在此基础上，对报警点周围的视频屏幕和报警相关文本进行描述，使管理员能够在第一时间掌握报警位置的所有信息。这样，基本上可以解决传统管理模式中信息来源单一、沟通低效的问题。

关于数字化运维的应急管理，现阶段应急管理正处于第二阶段即实现智能化。例如进行全面的数据感知、动态检测、智能预警、扁平快速精准的应急指挥快速处置、精准监管、人性服务等，这是应急行业整体对业务的发展方向。数字化运维管理平台支持对社区基础公共设施隐患事件进行采集，可以对基础公共设施隐患事件追溯检索，也可以对基础公共设施隐患事件处置流程进行管理。同时提供完善的应急预案，普及应急演练知识与技能，提高应急管理意识和处置能力。运维人员能够随时查询应急流程，预防、控制和消除信息化安全的危害和影响。基于 AI 技术和大数据技术对基础设施隐患事件进行统计分析，应用 BIM 技术可以通过对环境情况的监测，分析出各区域事故发生的可能性，并有针对性地采取措施，将事故发生的可能性降低，将应急管理由被动变为主动。同时可以结合 BIM 技术对应急信息进行可视化展示，并可以进行告警事件的联动处理，使得在园区内人员“无感”的情况下，保障人员健康安全，守护园区美好、舒适的物理环境。

6. 数字化运维的电梯控制

建筑自动化系统集成主要是通过与第三方电梯监控系统的连接来获得电梯的实时信息，从而能够及时地了解到电梯的运行状况。例如，该系统能够对实训大楼的升降机进行三维化建模，并通过三维模型的动态操作，获得电梯的实时数据。如果出现任何异常的信号故障，工作人员就能立即赶到现场，对现场进行严格的检查。电梯智能控制系统是一个很好的应用领域。在正式的设计阶段，设计者必须从各个方面着手。如果能从电梯的安全性、电梯的内部和外部的指令调用等几个方面进行综合的规划和合理的设计，通过与第三方电梯监控系统的连接，可以实现对电梯的实时运行状况和三维建模的交互，从而实现对电梯的三维图像的可视化管理。针对安全电视监控系统，在规划和设计阶段，必须对重点区域的人员进出电梯和各楼层的通道进行实时的监控和管理，并将其作为一种有效的影像监控方式，方便以后的查询和管理。其中，在各主要出入口应当合理设置监控点，保证安全电视监控系统能够合理地监测出入通道和出入人员的动态。重点是，在进出通道的监控工作中，要做到无死角的监控。

7. 数字化运维的设备监控管理

在三维环境下，通过 BIM 技术，可以对中央设备进行实时监测和定位。例如，当一个场景中的一个装置被选择后，设计者可以实时地监测有关的参数和操作状况，并能实现对设备的切换。一般的设备监测与管理系统由风管式温度传感器、室内外温度传感器、液面开关等子系统组成。应当指出，设备监测与管理职能的发挥往往要与中央监测设备的综合运用相结合。

7.3.5　城市更新项目对运维管理的挑战分析

1. FM 管理模式的改革

FM 管理模式是一种综合人员、场地、流程和技术的综合应用，以保证建筑的正常运转。一般人所了解的建筑运营管理，即物业管理，然而，现代建筑运营管理与传统的物业管理相比，存在着本质上的差异，即：服务对象的差异。物业管理是以建筑设备为导向的，而现代建筑运营管理是以企业为对象的经营组织。FM 管理模式是以物联网为基础，结合 FM 与商业管理的特性，面向商业地产、写字楼、场馆等项目的智能化运营、管理与综合数据分析，使物业管理标准化、系统运行智能化、运营分析与辅助决策专业化，协助企业管理人员、物业领导与管理人员更好地进行决策分析及项目运行管理工作，同时基于标准化体系，对外进行标准化服务输出。

设施管理者（Facility Managers）、建筑工程管理人员（Construction Managers）、设计人员（Designers）、建筑工程人员（Engineers）、建筑师（Architects）、BIM 经理（BIM Managers）等利益相关者之间的合作模式以及 FM 项目的管理模式将发生变化。传统的 FM 管理模式是被动的，只涉及设备的维护管理和基于 FM 系统的设备台账管理、运维维护等，相关人员较少。而在数字化运维下的全生命周期 FM 管理模式中，运维管理人员融入设计阶段，提前考虑运维过程中的问题，集成整合管理模式，这一过程涉及的人员较多。

2. BIM 与 FM 的整合

BIM 与 FM 的集成需要经过前期规划、设计、施工、运营和维护四个过程。维护资料的搜集涉及许多部门和人员。要保证 FM 所用的 BIM 可以不断地获取资料，保证所需要的信息可以被收集，并且可以将其上传到系统。在整个过程中，对各个阶段的资料进行计划，并按照不同的时间顺序，对各个阶段的资源和工作内容进行分析。得到这些资料后，可以根据自己的操作需要，来判断这些信息对设备的作用。

在运行过程中，对设备管理的数据资料的完整性和精确度提出了很高的要求。BIM 技术把原来分离的设计和施工过程中的信息通过结构化的方式传输到运营管理阶段，集成了施工过程中的数据，从而达到了整个 BIM 的全生命覆盖。在集成 BIM 和 FM 时，需要的是数据。当前的作业管理阶段，很多资料资源都集中于一处，因此，整合 BIM 的目标不在于增设额外的信息系统，而在于协助数据的传递、整理和使用。对于希望使用 BIM 进行建筑新、重建或改造的所有人和设备管理人员来说，必须首先理解 BIM 与 FM 之间的数据要求，以及从规划、设计、施工各个阶段可获得的资料。

3. 信息交互和信息的安全管理

在信息科学的研究中，信息的安全性是信息在生产、传输、处理、储存等各个环节的信息不会泄露或损坏，从而保证信息的可用性、保密性、完整性和不可抵赖性，同时也是信息系统的可控性和可信性。基于BIM、GIS、物联网等技术的集成式FM管理系统，存在关于信息授权、信息安全等问题。随着越来越多可连接设备加入IoT（物联网）生态系统，其安全性也成为关键信息基础设施中安全专业人员最担心的问题之一。工业物联网（IIoT）设备和工业控制系统（ICS）等技术的应用，使传统基于网络隔离模式的防护策略效果逐渐降低。同时，很多物联网装置对现有的运算能力有很大的局限性，常常会导致设备不能通过诸如防火墙之类的基础安全措施进行直接的加密。特别是当IoT设备与手机等智能终端连接时，如果没有足够的安全性，类似网络钓鱼的攻击可能导致IoT系统非正常的关闭，并可能危及人员生命。新一代安全方法需要能够快速精准地阻止威胁，通过使用人工智能驱动的工具，使用来自一组系统的数据来对另一组系统进行安全检测，这种方法在后续发展中将成为一种趋势。

4. FM人员的培养和教育

设备管理是一个涉及范围广、量大、牵涉广泛的系统工程。在我国城市化的快速发展中，各类大型房地产开发企业纷纷涌现，对从事房地产开发的人才队伍提出了更高的要求。当前，我国缺少高层次、高素质的管理人才，以及具备多种技能的复合型人才。FM人员需要学习和了解BIM、GIS、人工智能等技术，存在对FM人员的再教育和培训需求，因此需要重新思考FM人员需要具备什么样的素质和技能。

本章参考文献

[1] 曲冰．基于数字技术的集约型城市街区形态评价与优化方法研究[D]. 东南大学，2020.

[2] 韩冬辰．面向数字孪生建筑的“信息—物理”交互策略研究[D]. 清华大学，2020.

[3] 梅杰．城市数字转型中的主体压迫与伦理困境[J]. 社会科学文摘，2021,

69（09）：37-39.

[4] 梅杰 . 智慧城市更新：科技图景与三重路 [J]. 甘肃社会科学，2022，258（03）：45-53.

[5] 董雨菲，王偲，韩亚楠等 . 数字化转型背景下的社区更新探索 [J]. 未来城市设计与运营，2022，2（02）：48-55.

[6] 中国政府网 . 北京城市更新五年行动计划出炉 [EB/OL].（2021-9-1）. www.gov.cn/xinwen/2021-09/01/content_5634622.htm.

[7] 冯延力 . 基于 BIM 的设施运维管理系统的开发与应用 [C]// 中国土木工程学会计算机应用分会，中国建筑学会建筑结构分会计算机应用专业委员会 . 大数据时代工程建设与管理—第五届工程建设计算机应用创新论坛论文集，2025：10.

[8] 韩晓川 . 三维激光扫描点云数据处理与应用技术探讨 [J]. 智能城市，2020，6（19）：76-77.

[9] 邬泽群，颜锋，蔡兆旋等 . 三维激光扫描技术与 BIM 技术的建筑数字化保护应用研究及展望 [J]. 中国工程咨询，2021，252（05）：87-92.

[10] 李明柱，李莹 . 基于 BIM 的设施管理运维数据收集 [J]. 四川建材，2018，44（05）：30-31+34.

[11] 高峻 . 基于 BIM 的智能楼宇管理系统设计与应用 [J]. 科技创新与应用，2021，No.339（11）：112-114.

第8章

eight

超大城市建筑群更新评价体系构建

目前，中国城市更新的规章制度对改造的评价涉及较少。首先，城市更新的研究明显滞后于实际发展。大部分城市更新项目还处于“摸着石头过河”的状态，各方关注的重点往往是规划方案的设计和实施，而对目标实施和效果评价的关注度相对较少。其次，城市更新的概念相对较新，相关制度的完善尚需时日。在《全国新型城镇化规划（2014—2020 年）》和 2015 年中央城市工作会议中提出，要盘活城市存量资源，推进城市更新。2019 年底，中央经济工作会议强调，要加强城市更新改造和存量房改造，加强城市老旧社区改造。城市更新成为新型城镇化发展的重要方向的时间相对较短，相关制度的完善需要时间。目前主要存在以下两个问题：

（1）没有建立科学合理的城市更新评价体系。目前，城市更新领域的评价体系虽取得了较好效果，如既有建筑绿色改造评价、既有住区健康改造评价等，但该评价体系侧重于城市更新的局部或特殊性，缺乏对城市整体性和系统性的综合考虑。首先，城市更新评价体系是一个复杂的系统，应该能够对具体的更新项目进行全面客观的评价，既要考虑到微观尺度的建筑、中观尺度的更新项目以及宏观尺度的城市更新项目，同时也要符合更新城市的个性，延续城市的发展脉络，为保证评价结果的科学性，需要长周期、高投入的研究。其次，评价指标涉及经济、社会、生活等多个方面，评价指标的选取和权重设置的合理性将直接影响到评价结果的科学性，因此，还需要长期、高投入的研究过程。最后，城市是社会生活的聚集者，其自身时刻在进行新旧交替，淘汰落后的城市发展要素，吸引新的城市要素，城市的进步是均衡、非均衡、平衡上升的循环更新过程，所包含的城市要素是不断变化的发展，城市也应不断更新评价体系，这也对评价体系的研究和应用提出了更加严格的要求。

（2）城市更新没有一个全过程的评价机制。城市更新评估可分为现状评估和更新方案评估，根据评估过程，更常关注的是更新方案评估。目前主要原因第一是在城市更新过程中，城市规划方案选择和城市政策往往只考虑短期的、单一的收益，没有综合考虑城市更新后经济、社会、文化等因素的可持续发展；第二是城市更新中各利益相关者的参与程度不同，不同社会群体的权利和责任没有明确界定。为了提高工作效率，中国的城市更新大多是行政机构和房地产开发商主导的单一模式，以实现政府的开发意图为重点，缺乏各方利益的协调，公众的利益诉求无法得到充分表达，而利益人群对现状的评价和对城市的更新则更为迫切。

8.1 现行我国关于城市更新的规章制度

8.1.1 城市管理主管单位对城市更新的体制建设

2009 年 10 月，深圳颁布了我国第一部《城市更新办法》，标志着我国城市更新制度进入了一个新的阶段。此后，上海、广州、深圳三地的城市更新制度建设特点与实施效果也逐步显现。然而，我们需要将“2009 年至今”这一特殊时期的各种城市更新工作放到更为漫长的历史进程中去分析和理解，才能形成基于历史、动态、综合维度下的客观结论和认知判断。关于广州、深圳、上海城市更新演进历程的相关研究，在时间范畴上除了对上海追溯到新中国成立前之外，其他两地都以改革开放后的 20 世纪 80、90 年代作为起点——这是广州、深圳城市经济步入快速发展的起步期，也是中华人民共和国成立后不断孕育城市更新需求，同步开展城市更新活动的重要时期。

近年来，随着我国对城市更新的关注度越来越高，城市更新进入有机更新的新阶段，各地也积极进行了有益探索，积累了不少经验。

1. 上海

上海的城市发展道路一直在探索和试错中前进。在大规模拆迁和盲目改造之后，上海市政府制定了一项特别的区域保护计划，并开始控制城市更新的各个要素。城市更新开始步入正轨。自 2016 年以来，上海启动了“四大行动计划”“城市微更新”等行动。“四个行动计划”包括共享社区、创新园区、魅力风貌和休闲网络计划，旨在以“社区服务、创新经济、历史传承、慢性生活”四个市民关注焦点和城市功能的主要短板，开启全社会共同参与的城市实践行动，推动“全球优秀城市”建设。

（1）开展系统性、顶层城市更新制度设计

2014 年，上海市出台《关于本市盘活存量工业用地的实施办法（试行）》（2016 年进行了修正），通过放宽准入、加强自有物业比例控制、实行年租金弹性制、加强监管等方式，不断微调鼓励转型。此后，上海市政府于 2015 年 5 月 15 日发布了《上海市城市更新实施办法（试行）》，这标志着上海已经进入以存量开发为主的“内涵增长”时代。

为了有效实施《上海市城市更新实施办法（试行）》，建立科学有序的城市更新实施机制，上海市规划和自然资源局进一步细化和完善了城市更新工作流程、技术要求和相关政策，形成了《上海市城市更新规划土地实施细则（试行）》《上海市城市更新规划管理操作规程》《上海市城市更新区域评估报告成果规范》等相关支持性文件，涉及规划、土地、建管、权籍等规划和自然资源管理等方面，为城市更新项目的全面发展奠定了坚实的基础。

（2）注重产业转型升级带动城市更新

上海是一个开放的东部沿海发达地区，拥有大量的工厂、仓库等。同时，上海是一座文化、艺术气息浓郁的国际时尚之都，因此，更要注重产业转型升级带动城市更新，注重产业与城市功能的完美融合。如上海宝山区采取了“调整内容、保留建筑、完善功能、就地相融”的策略，不是简简单单地搬迁工厂、仓库，而是将工厂、仓库业态调整为具有适合城市需求的功能，受居民欢迎，从小的物理空间嵌入“有机”，将规模适中的50多家老工厂、仓库、老院落进行改造。

（3）建立推动城市更新的体制机制

上海市政府和有关市行政部门组成市城市更新领导小组，负责领导全市城市更新工作，对全市城市更新工作中涉及的重大问题作出决策。市城市更新领导小组在市规划和自然资源行政部门下设办公室，负责全市城市更新的协调推进工作。市规划和自然资源主管部门负责协调城市更新日常管理工作，制定城市更新规划中土地实施细则，编制相关技术和管理规范，推动城市更新依法实施。市发展改革委、住房城乡建设委、财政局等有关行政部门依法制定相关专业标准和配套政策，履行相应的指导、管理和监督职责。区县政府是城市更新的主体。区县政府指定相应的部门为专门的组织实施机构，具体负责城市更新的组织、协调、监督和管理。

（4）“自上而下”与“自下而上”相结合，推动更新城市发展

综合起来看，上海城市更新的案例可以分为两种模式。

第一种模式被称为“自上而下”，是指政府主导的更新，专业人员和一些公众参与。这种模式发展动力大，投入资金充足，成功率高。其中包括外滩的滨水区、衡山路、新天地等。

第二种模式是“自下而上”，是指以公众为主体发起，政府协调、专业人员配合主体的更新模式。由于最大限度地结合了公众意愿，这种模式发展难度较小，与城市的融合度较高。例如，田子坊创意区和苏州河仓库SOHO 区。

（5）设立区域评估制度

根据区域评估体系的要求，首先，根据更新区域的类型和发展目标确定区域评估的范围；区域评价的基本范围是按照系统性、整体性的要求开展区域评价，制定详细控制规划的单位。对于实施条件成熟、更新规模小、更新需求明确的零星城市更新项目，可将项目所在地块核心适当扩大到周边进行局部评估。

上海市市县规划和土地管理部门会同有关区县部门、街道办事处、镇政府组织区域评估，确定区域更新需求，开展区域公共要素评估，划定城市更新单位，明确适用更新政策的范围和要求。更新单位的划定一般满足以下条件：一是区域发展水平亟待提升，当前公共空间环境较差，建筑质量较低，民生需求迫切，公共要素亟待提升；二是根据区域评估的结论，需要配置的公共要素分布在集中的区域；三是近期有条件实施建设的地区，即产权主体和市场主体有改造意愿，或政府有投资意愿，利益相关方认知度高，近期实施程度相对较高。

区域评估包括基本准备、区域评估报告编制和审批三个阶段。第一阶段为基础准备，区县规划和土地管理部门组织有关部门和规划编制单位开展区域评估工作，研究区域发展背景和趋势，确定评估范围，在上层规划和控制性详细规划的基础上，完成数据整理和汇总。第二阶段是编制区域评估报告。区县规划和土地管理部门组织协商，就区域发展需求、公共要素建设需求等进行评估协商，形成区域评估报告初稿。市城市更新领导小组办公室根据区域评估报告初稿提出意见，由编制单位对区域评估报告进行相应的完善，报市城市更新领导小组办公室审批。第三阶段为审批。由区、县规划和土地管理部门将区域评估报告报区、县人民政府审查起草。区域评估报告经区、县人民政府常务会议审批后，由区、县人民政府批准，报城市更新领导小组办公室备案。

根据区域发展定位的目标，从四个方面的共同要素进行评价。第一个方面是评价控制性详细规划，第二个方面是评价制定相关标准的实施情况，第三个方面是研究区域实际需求，第四个方面是研究区域发展趋势和要求。根据上层规划确定的区域功能定位和发展目标，系统提出该区域需要完善的公共要素类型和规划要求。重点包括：完善城市功能；完善公共服务配套设施；加强历史风貌保护；改善生态环境；完善慢速行驶系统；增加公共休憩用地；完善城市基础设施，保障城市安全。

（6）适当的规划调整和建筑面积奖励政策

上海城市更新规划政策的核心是产权权利人可以提供公共设施或公共空间，在遵守规定的前提下，可以调整其土地利用性质、空间高度和建筑面积。对历史文物的保护，建筑面积将得到奖励。

在满足区域发展定位和相关规划用地需求的前提下，允许土地用途属性的兼容和转换，鼓励公共设施的合理、复杂、集约设置。

在同一条街道上，满足相关要求的地块可以分拆合并等地块边界调整。

在地块高度分区范围内，建筑高度可适当调整。如果高度超过要求，将进行规划论证。景观保护、净空控制等方面，应当按照有关规定执行。

根据城市更新区域评估的要求，对为该区域提供公共设施或公共开放空间的，可在原地块建筑总量的基础上给予奖励，适当增加商业建筑面积，鼓励节约和集约利用土地。如果增加了风景保护的对象，可以奖励建筑面积。

由于实际实施困难，在满足消防、安全要求的前提下，按规定征求相关利益相关方意见，经规划和土地管理部门同意，部分地块的建筑密度、建筑界线和间距控制在不低于现行水平。

采用绿色、低碳、智能城市更新技术，高标准节能环保，加快低碳、智慧城市建设。建筑的第五立面被鼓励进行生态化、景观化和其他有利于增加公共价值的改造。

（7）依法让权的土地政策

上海城市更新土地政策的核心内容是：通过改革土地开发模式，以“存量补地价”的形式，鼓励原房地产权利人根据规划，重新获得建设用地使用权；按照老城区的拆迁补偿制度，将征收的土地出让收益返还给各区、县，用于城市更新。

现行产权人可以联合体为主体，采用“存量补偿”的方法进行更新，增加建筑数量、变更用途。在城镇更新工程周围不能单独发展的零散地块，可以采取扩展用地的方法，与城市更新工程相结合。

根据已核准的控制性详细规划，对城镇更新工程用地的用途进行评估。实行拆迁改造的，可以对土地出让年限进行调整；在变更使用范围内，未涉及使用变更的，其出让年限与原有土地使用权合同保持一致；由现有的产权人或产权人组成的联合体，在新的土地使用情况下，按现行土地使用权的市场价格和剩余的剩余年限的市场价格之间的差额，补交土地出让价款。

城镇更新征收土地出让金，市、区政府征收的土地出让收益，扣除中央和地方相关专项资金后，其余部分将由各区、县统筹安排，用于城市更新和基础设施建设。对列入城市更新范围的土地，不征收市政工程、市政公用工程、电力、通信、市政公用事业等行业的收费。

对城镇更新中的历史文化遗产保护工程，可参照有关旧城区改造的有关规定，享受房屋征收、财税等方面的优惠。

2. 广州

2015 年，广州市在全国率先建立了城市更新管理局，以解决“三旧”改造中存在的问题，探讨了“微改造”的思路，突出了多种主体的参与，创新了改造的方法，使改造的综合效益得到了有效的提升。从大拆迁到小细节的改善，广州的“微改造”发生着变化。广州在城市更新方面进行了一系列的实践，取得了许多有益的经验。

（1）制定城市更新两项法规

2015 年 9 月 28 日，《广州市城市更新办法》经广州市政府审议批准，并于 2016 年 1 月 1 日正式施行。广州政府还出台了《广州市旧村庄更新实施办法》《广州市旧厂房更新实施办法》《广州市旧城镇更新实施办法》等三项配套措施。

此后，广州市政府于 2017 年发布了《广州市人民政府关于提升城市更新水平促进节约集约用地的实施意见》（以下简称《实施意见》）。《实施意见》与《国土资源部关于印发深入推进城镇低效用地再开发的指导意见（试行）的通知》《广东省关于提升“三旧”改造水平促进节约集约用地的通知》精神相结合，大体上与《广州市城市更新办法》相统一，但对《广州市旧村庄更新实施办法》《广州市旧厂房更新实施办法》《广州市旧城镇更新实施办法》等文件进行了多次修订。

（2）成立城市更新基金

《广州市城市更新办法》规定，城市更新改造要从城市维护建设税、市政公用设施附加费、市政基础设施建设和土地出让收入等方面划拨一定比例的专项资金；市、区两级财政为城镇更新改造提供资金支持；城市更新改造专项资金可以用来进行存量用地的储备和整合，同时也可以对全市的城市更新改造工程进行资金的统筹和均衡。设立广州城市更新基金，以政府和社会力量为主要内容，扶持老城区微改造、保护历史文化街区、公益性项目、土地整备项目等。

例如，2017 年 2 月，广州市常务会议审议并原则通过了《广州国际金融城起步区基础设施及商业配套项目公私合营模式实施方案》，其中明确提出了以公开招标的形式选拔社会资本的办法，即《琶洲互联网创新集聚区及会展物流轮候区政府和社会资本合作项目实施方案》。2016 年广州市荔湾区老城区改造项目的重点是恩宁路、永清地区的微调改造与活化利用项目的投资、建设、运营。本工程有 7200 多平方米的危房。

（3）优化更新项目审批流程

为促进事权下放、管理重心下移，推进“放管服”结合，《实施意见》对控制详细规划调整流程进行了优化，审批流程进行了简化，对激励约束进行了强化。

广州市城市规划局下设“城市更新委员会”，其职责是对城区（项目）进行控制性详细规划调整。列入年度城市更新规划的项目，可以同时进行控制。优化控制规制调整的程序，将“1+3”的城区（项目）控制规划编制分为两轮编制，八个环节。

列入年度城市更新规划的旧小区微改造、旧村庄微改造、旧厂房微改造、旧楼微改造等，由区政府审批。旧城镇和旧村庄综合整治工程列入年度计划，由区政府审批。市发展改革委、国土规划委、住房城乡建设委等部门，将涉及城市更新工程的立项、规划、国土等行政审批事权下放区政府。表 8-1 列出了广州“微改造”的基本特点。

广州“微改造”模式的主要特征　　表 8-1

产权与土地处置	产权不变或集体土地转国有补交土地出让金
周期与成效	业主单一；协商成本低
改造方式	局部拆件、功能置换、政治修缮、保护活化
资金投入	社区微更新——政府投入为主； 特色小镇——业主自筹或政府财政投入； 产业升级——业主 / 村集体自筹； 历史文化保护——政府财政投入

资料来源：姚之浩，田莉. 21 世纪以来广州城市更新模式的变迁及管治转型研究 [J]. 上海城市规划，2017（10）。

（4）鼓励业主自主连片和打包改造

《实施意见》鼓励业主自力更生、捆绑经营。同一企业集团、涉及多宗国有土地的老厂房改造（总建筑面积不低于 120000m^2），可进行整体规划，并将其不少于 42.5% 的产权用地面积交由政府收回，按同地段毛容积率 2.0、商业市场评估价的 40% 实施补偿；剩余的非商业住宅用地可以协议出让或自行改造。对超过 10 万 m^2 的集体土地的老厂房，可以统一招商，整体改造。土地面积低于 10 万 m^2，未纳入旧村整体改建或小改建的集体旧厂房、村级工业园区，可分别进行改造。

为了促进土地所有权人的交税和储备，土地增值收益的分配比例是国家和土地所有者 5∶5（按时缴纳 10%）。

（5）为改变用地使用提供优惠的土地出让

《实施意见》规定，国有老厂房临时变更用途，支持新产业、新业态的建设，实行 5 年过渡期，不收取土地租金。5 年过渡期届满后，可按照新用途申请土地使用。允许科研、教育、医疗、体育机构利用其自有的土地进行转型升级，并按类别划分给予土地出让。

“工改工”并没有增加土地的价值。在国有土地上的老厂房，在不变更土地性质的情况下，对其进行改造（包括科技型企业）的，在不分割的情况下，不增加土地出让金。

“工改商”的土地价格是按照市价计算的。根据规定，对原国有土地上的老厂房改造为商业服务设施用地的，按市场评估价补交土地出让金。

“工改新产业”给予 5 年过渡期。国有土地上的老厂房，以工业用地建设，由政府扶持的新产业、新业态建设，可以根据“工改工”的原则，对其进行改造。5年过渡期后，将按照新的土地使用程序进行。科研、教育、医疗、体育等自行改造，按其所在区域办公用地市场评估价值的一定比例收取土地使用费。

同时，加大对成片地块的整治力度，经市城市更新部门同意，可以组织国有控股公司对成片、连片的建设进行专项整治。

（6）建立一个更加公正、开放的机制

《实施意见》规定，自然村要进行全面的改造。对已登记为自然村（或个别经济合作社）的，可以申请进行整修。凡属行政村的，经行政村（或经济合作社）批准，由自然村（或个别经济合作社）作为改造对象，申请进行整修。经村民代表投票同意，并将其送交市城市更新工作领导小组讨论，批准后3年内，所有村民（改制居民、祖屋权属人）80%表决通过的，批复生效实施。

《实施意见》将合作项目引进的时限提前，并在区政府审批、公示后，按照《广东省实施〈中华人民共和国招标投标法〉办法》的要求，在45天内进行。

《实施意见》还根据以前的相关法律、法规，制定了一系列新的政策，例如，在制定区域总体规划和城市更新工程的控制性详细规划调整方案后，由市级城市更新部门、市级国土规划部门会同属地区政府等单位成立联合工作小组，共同组织审查，必要时组织专家研究论证。评审结果形成后，由市更新主管部门将其送交市城市更新工作领导小组讨论。经审核后，按照有关程序，由市城市更新部门按照有关程序予以公布，并在征求社会各界的意见后加以修订和完善。

3. 深圳

深圳市的城市更新工作起步较早，坚持走市场化的路子，目前已经进入了常态化、稳步推进、全面提升的发展阶段，并形成了一整套保障城市更新有序推进的制度，积累了丰富经验。它的显著特征是：政府主导，市场运作，统筹规划，节约集约，保障权益，公众参与，保障和推动科学发展。该模式充分发挥深圳市场化程度高、发展水平高的特点，使各方面都能达到双赢，维护业主的权益，并以优惠的政策和激励措施，激发各方面的积极性。

（1）体制和政策的保证

深圳已建立起较为完备的城市更新管理制度。《深圳市城市更新办法》（2016 年 11 月修改）、《深圳市城市更新办法实施细则》在 2012 年 1 月实施,《关于加强和改进城市更新实施工作的暂行措施》在 2016 年 12 月出台。通过制定土地管理、规划编制、利益分配、实施保障等相关政策，使深圳更新制度建设、更新管理制度化、规范化、系统化。

（2）规划引导方针

制定了城市更新标图建库范围和更新方式的划分指引，由各区政府（包括新区行政主管部门）按照城市规划、标准规范、技术规范编制本辖区内的城市更新规划（具体内容参见表 8-2）。

对城镇更新实施单位编制及年度计划进行管理。城市更新单元规划是对城市更新活动进行管理的基础。城市更新年度计划包括在年度计划和年度计划中。

对重点更新单元进行试点，探索以政府为主体的重点更新单元的发展。由区政府负责组织实施重点城市更新单元规划，并经市政府审批。重点改造单位原则上是全面实施的，如确需要分阶段进行，独立占地的城市基础设施和公共服务设施、政策性用房以及用于安置回迁业主的物业应在首期落实。重点改造单位的规划通过审批后，由区政府通过公开的形式，选定一家进行。

实施功能变更类更新项目的土地使用权人，应当按照有关法律、法规的规定，向市规划、国土行政主管部门和有关主管部门申请变更和相关手续。

深圳以《深圳市城市更新办法》及《深圳市城市更新办法实施细则》为核心的“1+N”更新政策体系　　表 8-2

1	法规层面	《深圳经济特区城市更新条例》 《深圳市城市更新办法》 《深圳城市更新办法实施细则》
2	规章层面	《深圳市城市更新历史用地处置暂行规定》 《关于加强和改进城市更新实施工作的暂行措施》 《深圳市宝安区、龙岗区、光明新区及坪山区拆除重建类》 《深圳市城市更新土地、建筑物信息核查及历史用地处置操作规程（试行）》
3	技术标准层面	《深圳市城市更新单元规划编制技术规定》 《深圳市城市更新项目保障性住房配建比例暂行规定》 《深圳市城市更新项目创新型产业用房配建比例暂行规定》

续表

4	操作层面	《深圳市城市更新单元规划制定计划申报指引》 《城市更新单元规划审批操作规则》 《城市更新单元计划审批操作规则》 《深圳市综合整治类旧工业区升级改造操作指引》 《深圳市城市更单元规划容积率审查技术指引》 《关于明确城市更新项目用地地价测算有关事项的通知》

资料来源：邹兵．存量发展模式的实践、成效与挑战——深圳城市更新实施的评估及延伸思考 [J]．城市规划，2017，41（1）：89-94。

（3）土地政策支持

对土地出让期限进行规范化。根据城镇更新单元规划，在该地块中，一块地块包括住宅用地和其他用地，住宅用地使用权的使用寿命不得超过70年。

要健全土地利用制度。对老工业区改造类新增生产性用地的，可以将其处理后的土地转让给承租人，期限为30年。根据临时措施的有关规定，新建筑面积的部分可以按程序办理土地使用权登记。

对老工业区的土地整理进行清理。老工业区综合改造工程按照规划、用地手续办理。其用地使用权的使用年限，以其原有使用年限减去其使用年限后的剩余年限为准。剩余年限不足30年的，以30年为限，但其剩余年限与其实际使用年限之和不得超出其原有土地用途法律规定的最高年限。

简化土地价格计算制度。统一土地价格标准，并以公告基准地价为依据，构建土地价格评估系统。在保证城镇更新土地价格相对稳定的情况下，逐步将土地价格计算纳入本市的统一土地价格计算系统中。城镇更新工程的土地价格可以分期支付，但不能按月支付，首次缴纳的比例不能少于30%，剩余部分在一年之内支付。

（4）资金来源保障

深圳市、区政府负责保障开展城市更新工作的工作，并给予相应的财政支持。对涉及的市政基础设施、市政公用设施的改造，要从土地出让金中拨付相关的工程经费。对涉及政府投资的城市更新，按照有关部门的有关政策执行。各用地类别或改造类型适用地价标准及修正系数汇总见表8-3。

各用地类别或改造类型适用地价标准及修正系数汇总表　　　表 8-3

<table>
<tr><th>更新类别</th><th>序号</th><th>用地类别或改造类型</th><th>适用地价标准</th><th>地上部分修正系数</th><th>备注</th></tr>
<tr><td rowspan="3">功能改变类</td><td>1</td><td>原有建筑面积部分</td><td rowspan="3">公告基准地价</td><td>1</td><td>按照改变后功能和土地使用权剩余年限以公告基准地价标准计算应缴纳的地价。扣减原土地用途及剩余期限以公告基准地价标准计算的地价</td></tr>
<tr><td>2</td><td>增加建筑面积中工业楼宇及其配套设施部分</td><td>自用：0.1 整体转让：0.7 分割转让：工业厂房、新型产业用房为 1（工业与办公基准地价的平均值）；配套设施为 5</td><td>按照改变后功能和土地使用权剩余年限计算</td></tr>
<tr><td>3</td><td>增加建筑面积中非工业楼宇及其配套设施部分</td><td>5</td><td>—</td></tr>
<tr><td rowspan="2">旧工业区综合整治类</td><td>1</td><td>历史用地处置（地上原有建筑面积部分）</td><td rowspan="2">公告基准地价</td><td>自用：0.2 整体转让：0.8 分割转让：工业厂房、新型产业用房为 1.1（工业与办公基准地价的平均值）；配套设施为 1.1（其中 0.1 为对历史用地行为的处理）</td><td>—</td></tr>
<tr><td>2</td><td>新建建筑面积部分</td><td>自用：0.1 整体转让：0.7 分割转让：工业厂房、新型产业用房为 1（工业与办公基准地价的平均值）；配套设施为 5</td><td>属于城市基础设施、公共服务设施及电梯、连廊、楼梯等辅助性公用设施的，免收地价</td></tr>
</table>

资料来源：深圳市人民政府办公厅《关于加强和改进城市更新实施工作的暂行措施》，2016 年 12 月 29 日。

综合整治改造工程的成本由所在区政府、权利人或者有关单位共同负担，由双方协商确定。改善基础设施、公共服务设施、城市环境等方面的支出，按照市、区的相关规定进行。

功能变更类城市更新项目，申请人在办理了相应的规划、土地手续后，可以进行功能变更类型的城市更新，其实施成本由申请人自己负担。

鼓励金融机构创新金融产品，改善金融服务，建立融资平台，提供贷款，建立担保机制。

（5）组织流程推进

明确各个部门的责任。深圳市城市更新管理机构是城市更新管理机构，负责全市城市更新工作的组织协调和指导；区政府是本辖区城市更新工作的主要职责，是对其管辖范围内的城市更新进行全面的管理。由市规划和国土部门联合各区政府，在全市范围内建立一个覆盖全市更新全过程的网上申报和管理体系，对审批事项实行网上审批，并严格按照统一的标准和时限进行审批。市发改委将制定有关城市更新的行业指导方针，并对涉及政府投入的地方进行年度财政拨款进行统筹安排。由市财政部门根据规划，对全市城镇更新项目进行核发。

强化舆论导向。深圳市各有关部门、区政府积极开展城市更新政策宣传，强化引导。街道办事处、社区工作站、居委会等基层社会团体，负责维护城市更新工作的正常秩序。

鼓励多方面的磋商。在一个单一的城市更新单元中，需要各方协商，制定相关的可操作的利益分配方案，并将其提交审批。意见不统一的，可以通过政府搭建平台，强化协调，对相关工作进行指导。

（6）奖励机制激励

免征土地使用费。对城市更新工程实行的各项行政管理费用减免。综合整治类、功能变更类项目，一般不会新增建设用地，若新增市政基础设施、公用设施，则按相关建筑面积减免土地出让。

扩大范围。老工业区为消除安全隐患、完善现状功能而进行的综合整治，可增设电梯、连廊、楼梯等辅助性公用设施，不需列入综合整治类城市更新单元计划，由主管部门直接组织实施。

面积激励。整治类城镇更新单元计划，按照《深圳市城市规划标准与准则》，采取扩建、扩建、功能变更、局部拆建等措施，扩大生产经营规模。属于在原有建筑物结构基础上增加的，增加的面积不会对原结构的安全和防火安全造成影响；对于已建成的城市，在扩建区域内新建建筑容积率不得超过现有规划用地面积的 2 倍。

成绩评定。市规划和国土部门要强化对城市更新工程的评价，并将其落实情况定期上报市拆违工作领导小组。

8.1.2 政府统筹协调下的城市更新路径分析

城市更新项目的具体实施，其路径一方面在于依照政府年度计划的规范化推进，以及遵循政策要求的程序化管理上；另一方面则是不同类型实践项目在落地建设过程中，从项目自身特点、面对的不同问题、所处的内外部环境、现状条件的制约与利用等出发，所采用的具体工作方法、运作机制和协商模式等。广州、深圳、上海的城市更新制度已经相对明确地设定了更新项目开展的实施要求，与中国香港、台湾等地类似，基本都采用了地区评估或项目申报等方法来选择和确立城市更新项目、编制城市更新的实施计划，借助过程性和实质性规定推进建设项目有序开展。

在广州、深圳、上海的相关实施路径之外，其他市场和行业力量对城市更新的持续关注和集体推动，也有利于更新实践业务的交流学习和相互促进。例如，2014 年深圳成立国内首家城市更新协会，由 18 家从事城市更新的知名房地产企业发起设立。2017 年深圳市房地产业协会成立城市更新专业委员会，通过凝聚各方专业力量持续服务房地产行业；2017 年，广州市城市更新局成立广州市城市更新协会，协会由珠江实业集团、广州市城市更新规划研究院、广州地铁集团等 16 家企业共同发起，拥有涵盖地产、评估、中介、设计、研究、金融、法律等各行业的 113 家会员单位。

8.1.3 城市更新主体的用途及容量

1. 用途

城市更新过程对已有建设在“用途（或功能）”上的变更会直接导致再开发进程中的收益增值等变化。土地用途，即法定规划管控的用地性质在改变后，如工改居、居改商等，更新主体通常可因此获得更多的经济收益。合理分配这些增值收益，或向政府补交地价，或通过土地上市“招拍挂”来重新定价，又或者在不同利益相关方中达成利益分享协议。在我国目前的土地管理体系下，基本上变更规划用地性质就意味着地块变成一块“新地”，要开发必须重新上市。普遍来讲，一些原本有实力和有意愿的业主可能会选择不对自己的用地进行更新升级，这是担心一旦土地性质变更，则可能无法确保在这块土地新的“招拍挂”过程中再次取回使用权，因此宁愿通过简单出租地产或房产的方式来确保经济收益。广州和深圳的城市更新通过允许土地协议出让的土地制度改革设法解决这个问题。

按照传统城市规划建设管理程序，改变土地用途首先需对土地的控制性详细规划进行依据法定流程的修订，这对于一些不拆除重建而是弹性改作他用的已有建筑的再开发来说（如工业建筑的保护型更新利用）带来了很高的制度门槛和实现困境。控制性详细规划管理的固化和调整的复杂性等，使得类似北京 798 这种享誉国内外的文化创意厂区，从法律角度来看依然是不满足规划管理要求的“非正式”更新行为，也加剧形成房东套房东、租户换来换去等不稳定状况。工业（制造业）用地出现的文创业态显然与原用途规定并不吻合，调整控制性详细规划一方面会涉及产权和利益界定上的纠缠，以及用途改变基础上的土地重新上市；另一方面则也可能因难以预测文创产业的发展需求和特征等，造成用地性质调整的方向难以确定。对此，通过尝试一些更新制度的创新变革，如放宽“用地兼容性”、推行“弹性用地”、设定部分用途可相互转化、给予工业“转型期”优惠等，可在避免频繁调整控制性详细规划的同时，借助城市更新实现城市新用途和新功能的植入与升级，以降低原有用地性质转变的复杂度和程序挑战，强化城市建设法制化管理的权威性，减少不必要的行政干预和调控。

2. 容量

就容量而言，容积率是地块开发容量的表征指标，也是城市更新过程平衡成本收益、决定开发增值等的重要指标，是城市更新进程中最为敏感的要素之一。许多城市更新项目看似在做存量或减量规划，实质上却是减量上的“增量”——通过提升容积率来产生更多的收益以平衡成本和增加开发吸引力，从而推进方案实施。因此，容量变更依然是现在大量城市更新得以实现的“支柱性”力量，更是开发商介入城市更新项目开展利益博弈的焦点。

离开容积率支持就无法实现的城市更新，从长远来看是不健康、不可持续或难以为继的。倘若不能通过提升品质来确保更新收益，只是一味借助盖更高的楼房和提供更多的楼地板面积来吸引更新开发，则很可能导致城市建设在强度和密度上的失控。为此，部分城市在更新制度的创新设置上采取了一些积极的应对方法，如设定容积率调整的上限，提出获得容积率提升或奖励的前提是项目为城市做出公共贡献，像是增加公共空间、建设公共设施、提供公共住房等。

8.1.4 城市更新制度创新的工作建议

我国城市有机更新处于起步阶段，各项制度整体上仍不完善。总结学习借鉴国外及我国部分城市的有益经验，主要可从以下方面研究、补齐我国城市有机更新的制度短板。

1. 完善法律法规体系

完善的法律制度对于推动城市更新具有重要意义，尽管在一些地方和城市已做了一些有益的尝试，但是在国家层面上仍然缺少相关的法律和法规。随着城市有机更新进程的加快，迫切需要对城市有机更新进行法律的顶层设计。为此，应加强对城市有机更新法律法规的建设，从法律、法规、规章、地方法规到具体的法律法规体系，并对《城市更新法》《城市更新条例》等法律进行研究，为城市更新的有机更新提供法律依据。

2. 给予规划政策支持

城市的有机更新是指对现有的建筑物进行更新，包括对原有功能的改造，比如将工厂改造成办公楼，工厂改造成商业中心等。城市更新必须先制定专门的更新方案，确定更新的重点区域、更新方向、更新目标、更新时间、更新策略等。要建立灵活的用地使用调节机制，使特定地区的土地功能发生弹性变化。同时，可以参照国外的经验，对城市有机更新区域进行界定，并对其进行适当的政策扶持，并在实践中寻求一条行之有效的途径。

3. 建立财政资金引导机制

城市有机更新需要大量的资金，单靠财政资金是不可能实现的。因此，要充分利用财政资金的杠杆效应，积极地吸引社会资本参与到城市有机更新中来。通过建立“城市更新基金”来实现对我国城市更新基金的指导和促进。进一步探讨公私合作模式的运用，实现公私合作，共享利益，分担风险，减轻政府的负担，增强社会力量参与的主动性和积极性。

4. 构建多主体共同参与机制

要鼓励多方参与，协商推进。城市有机更新涉及的主体众多，政府、投资人、民众是最直接的利益者，应该在整体规划的前提下，进行多方面的协商，以达到多个方面的双赢。

完善城市有机更新激励机制。借鉴国外和国内城市经验，给予容积率奖励、税收优惠、补助金等优惠政策，吸引社会力量参与城市更新事业。

5. 完善城市有机更新管理

对广州和其他城市的城市更新工作的专门管理体制进行了探讨。城市有机更新是一个涉及多种利益主体、利益关系错综复杂的过程，专业行政机关整合部门政策，协调各部门利益，可以有效地促进政府决策的实施。

整理城市有机更新的管理流程。从规划、建设、备案、管理等方面理顺有机更新工程，使审批程序合理化，促进城市更新工作的顺利进行。

8.2 现有评价体系及其比较

8.2.1 既有建筑改造评价指标

既有建筑绿色改造评价、既有住区健康改造评估等评价体系关注于城市更新的局部或专项，缺少对城市整体性和系统性的全方位考虑。

近几年，我国一直在进行建筑绿色改造，《国家新型城镇化规划（2014—2020 年）》提出了对中心城区进行改造升级、推进新型城市建设的建议。《中共中央国务院关于进一步加强城市规划建设管理工作的若干意见》，于 2016 年 2 月 6 日发布，提出要有序地进行城市整治、有机更新，以改善老城区环境质量、空间秩序混乱等问题，并对老旧建筑进行保护、加固，使其重新焕发生机。现有公共建筑的整体性改造是城市修复与有机更新中的一个关键环节。

国外已有建筑节能评估的先导标准，如英国 BREEAM、美国 LEED-NC（新建建筑）和 LEED-EB（既有建筑）、日本 CASBEE-RN（建筑翻新）和德国 DGNB 等。目前，国外现有的建筑评估系统包括建筑的主体能量、场地的生态价值等，而既有公用建筑的改造，则是建筑形式、结构体系和能量利用体系的有机结合。

目前，我国现行的《既有建筑评定与改造技术规程》T/CECS 497—2017、《既有建筑绿色改造评价标准》GB/T 51141—2015 是现行建筑质量评估的重要内容。功能评价的内容主要有：抗偶发性行为能力、安全性、适用性和耐久性、功能和环境质量；改造内容包括修缮、加固、提升功能等。《既有建筑评定与改造技术规程》T/CECS 497—2017 的内容按照专业分为规划与施工、结构与材料、暖通空调、给水排水、电气照明、建筑管理、运行管理等 7 个方面。本规程着重于节能与环保，评估指标的选择应以改造后达到绿色建筑的要求为目标。它的条款设定更多地注重方法和措施的评估，仅以措施作为衡量指标不能覆盖一切，会使建筑师盲目追求衡量标准而忽视关键绩效。既有公共建筑改造相关标准梳理见表 8-4。

既有公共建筑改造相关标准梳理　　表 8-4

性能	相关标准
安全性能	《既有建筑地基基础加固技术规范》JGJ 123—2012 《民用房屋修缮工程施工标准》JGJ/T 112—2019 《民用建筑可靠性鉴定标准》GB 50292—2015 《建筑抗震鉴定标准》GB 50023—2017 《建筑抗震加固技术规程》JGJ 116—2009 《混凝土结构工程施工质量验收规范》GB 50204—2015 《混凝土结构耐久性设计标准》GB/T 50746—2019
环境性能	《室内空气质量标准》GB/T 18883—2022 《民用建筑工程室内环境污染控制标准》GB 50325—2020 《环境空气质量标准》GB 3095—2012 《室内空气中可吸入颗粒物卫生标准》GB/T 17095—1997
能效性能	《公共建筑节能改造技术规范》JGJ 176—2009 《公共建筑节能检测标准》JGJ/T 177—2009 《民用建筑能耗标准》GB/T 51161—2016
综合性标准	《既有建筑绿色改造评价标准》GB/T 51141—2015 《既有建筑维护与改造通用规范》GB 55022—2021

8.2.2　城市更新项目既有评价指标

对于旧居住区更新评价而言，旧居住区更新是一项复杂的综合性系统工程，它涉及经济效益、环境效益、社会效益等多方面的平衡，直接关系居民、开发商以及政府部门的利益分配。根据旧居住区更新周期的不同，将旧居住区更新评价划分为以下三个阶段：（1）事前评价——更新前现状评价。评价者主要对旧居住区的现状进行详细的调查、分析和评价，通过评价发现旧居住区现状存在的主要问题。同时，根据现状的调查与分析，对旧居住区是否需要更新、如何更新以及更新到何种程度进行初步预判。（2）事中评价——更新中的规划评价。主要是对未来可能所产生的经济效益、环境效益以及社会效益进行综合评价，从而确定最优设计方案。（3）事后评价——更新使用后评价。主要对旧居住区更新实施后的使用情况进行评价，其目的不是为了构建一套固定的评价体系，而是希望更新使用后评价能成为旧居住区更新工作中的重要组成部分。同时，更新使用后评价并不单单是为了评价而评价，而是希望在评价的过程中发现问题，以此对后续的更新进行控制和反馈，针对现存问题提出合理的对策和建议，这才是一个更新项目的全生命周期。

城市更新的综合评价方法主要来源于社会学领域，还有一部分来源于经济学领域和政策分析领域。表 8-5 中总结了国内外相关学科领域的部分常见综合评价方法，并对各方法的基本原理、特征、优缺点进行了总结，针对性地提出了这些综合评价方法在城市更新领域的应用范围。尽管各方法或理论都有其自身的局限性，但它们的基本概念和思维方式仍值得肯定和借鉴。

常用综合评价方法一览表 表 8-5

方法类别	方法名称	方法描述	优点	缺点	旧居住区更新应用
1. 定性评价方法	APHA 评价法	以罚分数值来衡量不良程度。最大罚分为 600 分，实际最大罚分为 300 分	操作简单，可以利用专家的知识，结论易于使用	主观性比较强，多人评价时结论难收敛	对旧居住区的公共设施、社会文化和经济中的评价，只需简单定性的评价，操作方便
	专家会议法	组织专家面对面交流，通过讨论形成评价结果			
	Delphi 法	征询专家，用信件背靠背评价、汇总、收敛			
2. 技术经济分析方法	经济分析法	通过价值分析，成本效益分析、价值功能分析，采用 NPV、IRR 等指标	方法的含义明确，可比性强	建立模型比较困难，只适用评价因素少的对象	评价内容和对象明确，如投资成本分析、经济效益分析等
	技术评价法	通让可行性分析、可靠性评价等			
3. 多属性决策方法（MODM）	多属性和多目标决策法（MODM）	通过化多为少、分层序列、直接求非劣解、重排次序法来排序与评价	对评价对象描述比较精确，可以处理多决策者、多指标、动态的对象	刚性的评价，无法涉及有模糊因素的对象	多种明确要素指标的综合评价，如旧居住区的住宅质量评价等

续表

方法类别	方法名称	方法描述	优点	缺点	旧居住区更新应用
4. 运筹学方法（狭义）	数据包络分析模型（C^2R、C^2GS^2 等）法	以相对效率为基础，按多指标投入和多指标产出，对同类型单位相对有效性进行评价，是基于一组标准来确定相对有效生产前沿面	可以评价多输入多输出的大系统，并可用“窗口”技术找出单元薄弱环节加以改进	只表明评价单元的相对发展指标，无法表示出实际发展水平	与效率、效益有关的评价内容，如对旧居住区更新后的效益评价、居民收入改善评价等
5. 统计分析方法	主成分分析法	相关的经济变量间存在起着支配作用的共同因素，可以对原始变量相关矩阵内部结构研究，找出影响某个经济过程的几个不相关的综合指标来线形表示原来变量	全面性、可比性、客观合理性	因子负荷符号交替使得函数意义不明确，需要大量的统计数据，没有反映客观发展水平	多因素共同作用，需要分类对比的场合，如更新投资分析、更新的综合效益分析等
	因子分析法	根据因素相关性大小把变量分组，使同一组内的变量相关性最大			反映各类指标的依赖关系，并赋予不同权重，如旧居住区更新使用后评价
	聚类分析法	计算对象或指标间距离，或者相似系数，进行系统聚类	可以解决相关程度大的评价对象	需要大量的统计数据，没有反映客观发展水平	多个相关对象的类比选择，如建筑质量、结构的分析，从而决定居住区的更新方式
	辨别分析法	计算指标间距离，判断所归属的主体			
6. 系统工程方法	评分法	对评价对象划分等级、打分，再进行处理	方法简单，容易操作	只能用于静态评价	多种精度要求不高的评价场合，如对住宅的质量、年代等评价
	关联矩阵法	确定评价对象与权重，对各替代方案有关评价项目确定价值量			
	层次分析法	针对多层次结构的系统，用相对量的比较，确定多个判断矩阵，取其特征根所对应的特征向量作为权重，最后综合出总权重，并且排序	可靠度比较高，误差小	评价对象的因素不能太多（一般不多于 9 个）	多指标多层次的更新综合评价，如旧居住区更新现状评价、使用后评价等

续表

方法类别	方法名称	方法描述	优点	缺点	旧居住区更新应用
7. 模糊数学方法	模糊综合评价法	引入隶属函数，实现把人类的直觉确定为具体系数（模糊综合评价矩阵），并将约束条件量化表示，进行数学解答	可以克服传统数学方法中唯一解的弊端。根据不同可能性得出多个层次的问题题解，具备可扩展性，符合现代管理中柔性管理的思想	不能解决评价指标间相关造成的信息重复问题，隶属函数、模糊相关矩阵等的确定方法有待进一步研究	多用于难以直接精确计量的旧居住区主观评价，如旧居住区更新中难以量化的指标等
	模糊积分法				
	模糊模式识别法				
8. 对话式评价方法	逐步法（STEM）	用单目标线性规划法求解问题，每进行一步，分析者把计算结果告诉决策者来评价结果。如果认为已经满意则迭代停止；否则再根据决策者意见进行修改和再计算，直到满意为止	人机对话的基础性思想，体现柔性化管理	没有定量表示出决策者的偏好	预设目标的效果评价，如旧居住区更新后效果评价等
	序贯解法（SEMOP）				
	Geoffrion 法				
9. 智能化评价方法	基于 BP 人工神经网络的评价法	模拟人脑智能化处理过程的人工神经网络技术、能够“揣摩”、“提炼”评价对象本身的客观规律，进行对相同属性评价对象的评价	网络具有自适应能力、可容错性，能够处理非线性、非局域性与非凸性的大型复杂系统	精度不高，需要大量的训练样本等	复杂可变的大型复杂系统及网络，如旧居住区更新后的长期动态追踪评价

在以上评价方法中，层次分析法和模糊综合评价法在城市规划或旧城更新领域应用较为广泛，具体介绍如下：

1. 层次分析法

AHP 法是美国兹堡大学教授、著名的运筹学家萨迪在 1970 年提出的一种定性和定量相结合、系统化的分析方法。这种方法对评估对象的经验进行了定量，尤其适合于数据比较少、结构复杂的情况。AHP 法是将决策中涉及的要素分解为目标、准则、指标、方案等几个层面，从而对决策进行定性和定量的分析。

AHP法一般适用于复杂的目标体系，其目标值难以用量化的方法来描述。该算法首先通过构造判定矩阵，确定其最大特征根和相应的特征矢量，再将其归一化，从而得到相应的权重。

AHP的基本方法是：（1）构建分层的层次结构模式。通过对目标问题的深入分析，将目标要素按不同的性质，由上到下划分为目标层、准则层、指标层、因子层等。（2）建立一对比较判别矩阵。在对各个因素进行两两比较之后，按照9个比值群确定各个因素的相对优劣排序，并按此排序构建一个评判矩阵。（3）对系统对象的各个层次单元进行综合加权。通过对各对比矩阵的最大特征根和相应的特征矢量，利用一致性指标、随机一致性指标和一致性比率进行一致性检查。（4）检验判定矩阵的相容性。利用一致性检验公式，对最底层的目标进行综合权向量。如果通过了测试，则可以根据组合权向量所表达的结果做出决定，如果不能，就必须重新考虑该模型，或者对这些具有更高一致性的比较矩阵进行重构。

2. 模糊综合评价法

美国控制论专家扎德在20世纪60年代对多目标决策进行研究时，与南加州大学的贝尔曼教授一起提出了一个模糊决策的基础模型，并于1965年在《信息和控制》期刊上发表了著名的《模糊集合》（Fuzzy Sets）。模糊综合评判（FCE）是在模糊数学的基础上，依据一个特定的目标，运用模糊集合理论对各个指标进行分级，并依据其重要性和评价结果，将其定量化，从而解决了信息系统的复杂性、模糊性、主观判断等问题。模糊综合评判具有目标明确、系统性强、结果明确的优点，能够处理具有模糊、难以量化的复杂性问题。

在对旧住宅区更新进行综合评估时，首先要建立一个多层次的评价指标体系，即（1）对旧住宅区的改造进行评估。评估应覆盖旧住宅区的特征、问题和改进方案等多个方面，是进行评价的标准和依据，因此需选取有代表性的因子作为评价指标，从而建立比较科学全面的旧住宅区更新评价指标体系。（2）为评估目标制定评估指标。（3）建立评估指标权重，该指标权重可以体现出各指标的重要程度，并通过AHP法来确定。（4）构建一套评语。（5）建立单一指标的评估矩阵。定性指标的权重可以通过模糊统计方法来决定；在定量的指标中，可以首先依据指标的特性来确定模糊分布函数，再利用实际指数和相关指数的隶属关系，得到相应的权重。(6)模糊综合评判。综合评判方法可以应用于模糊数学的综合评判。

8.2.3 城市更新评价体系的建立原则

城市更新评估系统是一个复杂的、系统的综合评估系统。首先它应该能够全面、客观地对更新工程进行综合评估，同时要兼顾到小尺度的建筑、中观的更新工程，大尺度的城市建设，也要与更新的都市风格相一致，而理清以上因素需要长周期的研究；其次，由于指标涉及经济、社会、生活等多个层面，指标的选择与权重的合理与否，将直接影响到评估的科学性，因此，要进行长期高投入的研究。

8.2.4 城市更新评价体系的建立原则

城市更新评估系统是一个复杂的、系统的综合评估系统，它应该能够全面、客观的对更新工程进行综合、客观地评估，同时要兼顾到小尺度的建筑、中观的更新工程、大尺度的城市建设，同时也要与更新的都市性格相一致，继续发展的脉络，而理清以上因素需要长周期、高投入的研究。此外，由于指标涉及经济、社会、生活等多个层面，因此，选择指标的选择与权重的合理与否，将直接影响到评估的科学性，因此，要进行长期的高投入研究。

8.3 基于鼎好大厦城市更新案例的超大城市群更新评价指标体系构建

8.3.1 超大城市的特征属性

中国的城市尺度划分标准中，超大型城市是其中一种。根据2014年印发的《国务院关于调整城市规模划分标准的通知》国发〔2014〕51号，城镇居民超过一千万的城镇为超级大城市。

据国家统计局公布的《经济社会发展统计图表：第七次全国人口普查超大、特大城市人口基本情况》显示，截止到2020年11月1日，中国主要城市为上海、北京、深圳、重庆、广州、成都、天津。

在我国，西南、西北、东北、华中、华东和华南地区都有特大和超大城市的存在，尽管地域的地域差异很大，但也存在共性。大型和超大型城市的工业发展比较成熟，具有很高的开放性和较强的软实力，并具有很强的外围辐射能力。它们是城市网络的重要组成部分，在功能上将地区资源整合，促进地区发展，参与国际竞争。这些城市的城镇空间发展很快，除了生产力的快速发展之外，也包括企业的快速发展，工业化进程的加快，交通条件的改变，人口的大量聚集，居民的居住需求的增长，市场的力量和政府的力量是共同的作用因素。如上所述，随着城市化的快速发展，城市的常住人口越来越多，不仅目前的大中城市将会集中起来，一些大城市还会逐步发展成为超级大城市。这些超级大城市的发展，除了要扩大城市的范围，还要解决人口、基础设施、环境、经济、社会和谐等问题，所以，无论是在当前，还是在未来，城市更新都将扮演着非常重要的角色。

8.3.2 基于指数评价法的超大城市更新评价体系

一是建立包括经济、社会、环境、生活、交通、居住等多个层面的综合评价指标。在评价指标体系上，应从微观、中观、宏观三个层面综合考虑各因素的相互影响。最低水平的指标应该能够用定量的资料来表述。

二是要构建指标体系，以适应城市更新。针对不同测量单位的指标资料，采用同一测度方法，合理地确定各指标的标准值。要根据实际情况，在保持城市个性、延续发展脉络的基础上，合理确定各项指标权重，确保资料处理的科学性。

三是在一定时期内，对城市更新评估系统进行优化和升级。城市更新评估系统的管理要参考国内的标准和规范，并确定相应的主管部门，并在一定程度上遵循科学性、导向性、可比性和可操作性等原则，对评估体系进行定期的调整和更新。

8.3.3 超大城市建筑群更新的全过程评价

一是对城市更新现状的评价、更新方案的评价、更新后的评价等方面进行全面强化。在当前评估阶段，要按照目标的远景来确定更新的目标、重点，并充分运用评估系统；在更新方案评估阶段，对每一方案进行客观的对与错的评判，并按先后次序进行排序，减少了城市更新的盲目；在更新后的评价阶段，要对各项指标的叠加效应进行再评价，以确定是否实现了既定目标，是否提升了城市的质量和吸引力，从而为城市的可持续发展提供依据，并对评价系统进行优化和升级。

二是建立一个公正透明、多元互动的综合评估体系。首先，要抛弃追求蓝图的目的，加强社会问题的协调，注重各利益集团的价值关怀，制定“自然成长计划”，鼓励各利益相关方积极参与;其次，建立健全的平台运作机制，明确各利益相关方的参与模式；最后，通过定期的咨询和交换会议来推动信息的传播和技术建议，定期回复公众参与评估提出的建议，并给出合理理由，以确保平台正常运作。

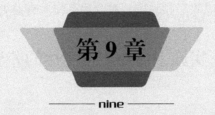

第9章

nine

鼎好项目的利弊分析

鼎好项目在城市更新过程中，在具体的工作上面不免会出现一些问题。本章对这些问题进行了一些阐述，有利于今后在相同或相似项目中汲取经验和教训，更好地完成城市更新项目的工作。

本章总结了市场模式下实施主体与审批主体的差异，项目在报建、设计和施工方面的一些问题，并针对一些问题提出了措施。及时的总结问题，可以提高今后项目的完成效率和品质，对今后工作大有益处。

9.1 市场模式下实施主体与审批主体的差异分析

1. 实施主体

城市更新项目的实施主体，即指城市更新项目中的单一权利主体或多个权利主体通过与市场主体签署搬迁补偿安置协议、房地产作价入股或被收购方统一收购等方式将房地产权益转移至单一主体后，经相关政府部门依法确认该单一主体成为项目的实施主体。实施主体负责项目拆除，办理项目规划、用地、建设等工作，实施主体一经确认，在项目工程竣工验收之前不得变更。获得实施主体资格必须符合一定条件，除项目已获批计划、专规外，实施主体确认的前提是项目规范内土地权属通过组建项目公司、协议、收购等方式形成单一主体。

形成单一主体是确认实施主体的前提条件和重要环节。如果拆除重建区域内的土地使用权人与地上建筑物、构筑物或附着物所有权人相同且为一个主体的，该权利主体即为单一主体。城市更新拟拆除范围内的权利主体通过规定的方式形成单一主体后，该单一主体即可向区城市更新局申请实施主体资格确认。

2. 审批主体

审批部门根据计划实施主体提供的土地使用权出让合同、用地批复、房地产证、建设工程规划许可证、测绘报告、身份证明的材料，对城市更新单元范围内土地的性质、权属、功能、面积等进行核查，将核查结果函复计划实施主体。土地信息核查和城市更新单元规划的报批应当在规定的时间内完成。逾期未启动及完成的，更新主管部门可以按有关程序进行城市更新单元计划清理，将该城市更新单元调出计划。审批部门对申报材料进行核对，符合要求的，向区城市更新职能部门征求意见。区政府城市更新职能部门对城市更新单元的规划目标及方向、配建责任、实施分期安排等进行核查。城市更新项目设计产业转型发展的，还应当征求市产业部门的意见。市产业部门对城市更新单元的产业现状、更新后的产业定位是否为市政府鼓励发展产业等情况进行核查和认定。审批部门根据已生效的法定图则等规划对申报材料进行审查。审批部门对相关意见进行汇总和处理，并对城市更新单元规划草案进行审议。审议通过的，函复申请人。

3. 实施主体与审批主体的差异分析

在城市更新项目中，实施主体的主要任务是为城市更新项目做准备，应当确认自己有资格进行城市更新的项目，准备好所需材料，向审批主体递交所需材料，等待审批主体的批复。

审批主体的主要任务为按照相应的法律法规，对实施主体递交的材料进行核查，并且在规定的时间内对实施主体进行函复。对于其中一些复杂问题，应当与政府和所有权人进行协商处理。

9.2 鼎好城市更新过程中报建阶段遇到的困惑

鼎好大厦在改造过程中首先遇到的就是报建阶段的问题，包括各方之间的协调合作以及涉及各种政策的解读和实行。报建阶段是改造项目的先行军，必须要得到有效的解决，才能保证整个项目的顺利进行。

以目前市场上关注度比较高的、非常有代表性的城市更新项目“鼎好 DH3 城市更新项目”为例。该项目由市区两级政府以及各职能部门通过并确认了升级改造方案的可行性，提交“多规合一”平台。各部门出具了会商意见，包括园林、人防、建委、市政等。由于当时相关政策与制度并不健全，导致在改造过程中遇到诸多问题。政府部门在此过程中全力指导，为城市更新项目的顺利进行提供了有力的保障。

近几年北京几个大的城市更新项目都存在着政策和制度不健全的问题，以盈科中心、太阳宫百盛为例，都存在着在没有相应政策指导下进行一些无序操作的行为，例如没有走规划手续，没有变更产权证，甚至使用性质、房屋结构以及产权分摊都发生了变化。对于这些问题，未来政府部门还是要健全相关的法律法规，明确其中的关系。

9.3 鼎好城市更新过程中设计管理遇到的问题及解决方案

9.3.1 设计管理工作

《北京城市总体规划（2016 年—2035 年）》提出总量控制、减量发展的新理念、新要求，城市发展进入有机更新时代。不搞大拆大建，实现可持续发展的理念，大量既有建筑通过改造的方式获得新的使用功能、提升建筑品质，正在逐渐成为城市建设的重要形式。

随着改造项目的进行，在设计管理工作中也涌现出诸多重要问题。设计管理工作决定着改造项目的成功与否，也决定了改造完成后该建筑的整体效果，必须得到切实有力的解决。图 9-1 直接体现了设计管理工作遇到的五个重点问题，并在后文进行了详细阐述。

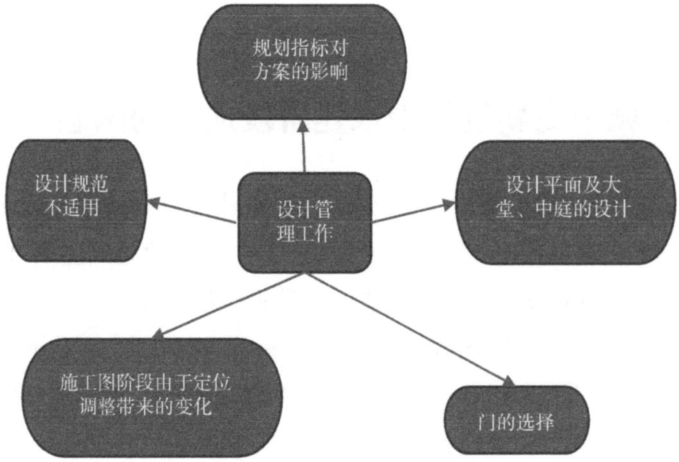

图 9-1 设计管理遇到的问题

1. 规划指标对方案的影响

原建筑规模不突破是改造方案的前提。原建筑的规划面积、产权面积以及建筑面积经常出现口径不一致的问题，改造时原则是依据产权面积不突破，但是产权面积与建筑实际面积存在差异，以及改造后由于轮廓线的变化以及面积测算依据的变化都对改造设计带来了诸多影响。对改造设计的面积依据带来一系列不确定性，设计时最终面积指标综合考虑了上述各种因素。

原建筑的规划高度不突破。原建筑总图限高以女儿墙檐口为控高，现规划口径以建筑物最高点为控高，但有些建筑仍然超出原规划限高，改造时也无法压低高度。现有设计原则为以现状结构和机房屋面为准，女儿墙和幕墙高度适度控制，解决规划高度问题。

原建筑轮廓线的调整需匹配规划控制口径。原建筑造型以及首层轮廓线无法满足改造建筑的需求时，需要在设计阶段制定新的原则加以限制。此项目规定的设计原则是轮廓线的控制不超过原建筑轮廓投影的最外边缘。

车位指标。原建筑的实际车位指标与当初的审批规划指标往往不符，需要重新制定车位指标应当遵循的原则。此项目规定以建筑实际停车位指标和新规的停车指标的小值进行控制。

绿地率。原建筑审批绿地率指标与实际绿地指标不一致，并且当初绿地率计算规则与现在的新规也不一致。在设计阶段要对绿地率范围制定新的规定。此改造项目对绿地率指标没有明确规定，设计景观时根据改造后的需求合理布置绿地率，并且不少于现状绿地率。

交通流线。在改造过程中，现有的交通线路无法满足需求，同时不能满足改造后的功能业态，交通线路问题带来诸多不便，因此，在改造过程中对线路进行了调整，满足了改造过程中和改造完成后的需求。

建筑消防环线和扑救场地。既有建筑由于实际情况无法满足现有规范的扑救场地需求，且无法改造。此项目不进行建筑消防环线和扑救场地的改造，保留原有的消防环线和扑救场地。

2. 设计规范不适用

由于既有建筑改造的特点与新建建筑有很大不同，在改造过程中，因历史发展阶段原因，受现状各种客观条件的限制、各种新旧规范的更新、技术水平和技术标准的更替等，均给既有建筑改造带来了很大的困难。鼎好大厦A座既有建筑改造面临的主要问题之一就是规范适用问题。由于原建筑建成时间较早，当初遵循的规范往往不能满足改造时期新规范的要求。

关于消防，其新旧规范以及商业办公业态的调整带来疏散宽度要求的变化，对相邻防火分区可借用的疏散宽度的限制、对安全出口个数要求的变化、对消防电梯要求的变化等都对改造设计方案带来巨大的困难。《北京市既有建筑改造工程消防设计指南（试行）》解决了部分问题，但在执行过程中依然有很多困难。鼎好大厦A座由于改造过程中功能布局发生调整，导致其防火分区需重新划分，根据指南或者消防新规需增加许多疏散楼梯，改造难度很大。

关于结构改造规范，由于既有建筑结构改造对后续使用年限以及规范的选取的要求需要根据鉴定报告确定，有时候较难判定。鼎好大厦A座结构改造由专家依据规范及安全要求讨论分析出最经济最合理的加固改造方式。

3. 设计平面及大堂、中庭的设计

鼎好大厦A座改造前是电子卖场，大概是平面进深约60m的封闭式多边形平面形状建筑，作为办公楼其进深过大，造成其出现不宜使用、充满压抑感的问题。为了改造后提升办公品质，鼎好大厦A座从外轮廓线向内部设定了适合办公楼的进深尺度，中间剩余部分设置成采光中庭，形成了自然采光及自然通风风道，为各层办公区域提供了良好的采光环境。

4. 门的选择

鼎好改造项目的门类多、尺寸多、形式也多，由此衍生出诸多问题。同一建筑空间门的高高低低大大小小，非常难看。梳理门的类别和高度也曲曲折折，还存在主要入口的大门要求可以进展车、旋转门是坐在地下室上不能采用地埋式电机、其他外门受雨棚高度限制高度提不上去、核心筒的门高度太低不能满足设计效果等问题。经过设计团队的反复研究，最终确定各个门的型号和电机放置位置等问题，保证了设计效果，同时减少了加固改造工程量和成本。

5. 施工图阶段由于定位调整带来的变化

设计处于施工图阶段时，鼎好大厦A座定位发生了调整，取消报告厅、封闭中庭、取消扶梯等动线，带来设计工作量的反复以及图纸的修改，不能保证设计周期，同时更影响了设计品质。这些问题带给我们的经验是后续一定要定位先行，以保证设计阶段有序推进。

9.3.2 相关问题的总结

1. 合理的设计周期是设计工作成功的必要条件

鼎好大厦A座的施工图设计第一次仅用时一个月，过于缩减设计周期，使设计工作出现提交的图纸敷衍、图纸质量缺陷严重的问题。修改过程就是不断地在原图纸基础上打补丁，如此反复，图纸漏洞百出，不能很好地完成交付，后期也难以完善，导致设计周期变得更长。最终鼎好大厦 A 座提交的施工图纸，设计变更超过 200 个。

2. 经验丰富责任心强的设计团队同样重要，是我们设计工作成败的关键

设计工作是从无到有的创造性工作。从建筑的概念设计到施工图设计每个阶段都需要设计师的经验和责任心。设计管理团队应专业齐全，否则会让设计概念只体现设计师的个人意愿，从而不易发现设计师与其他专业的不协调性和不合理性。

3. 方案是基于策划定位

项目定位不够准确，施工图完成后，提出中庭封闭、取消报告厅等重大方案修改，造成建筑、机电等各专业及交通动线调整。前期需要把方案论证清楚，决策慎重，减少过程论证导致图纸反复修改。在满足规范的前提下，达到设计效果的同时，加强利于成本控制的管控。多渠道寻找合适的材料，请方案设计师、施工图设计师、施工单位寻找效果好、成本可控的材料。如果对施工单位选择的方案、材料等不满意，再与市场上对标单位进行对比，取其最优解。

9.4 鼎好城市更新过程中施工管理遇到的问题及解决方案

鼎好大厦改造项目是在原有的建筑基础上进行改造，在施工过程中会受到诸多原有建筑所带来的限制。在施工过程中，须要克服这些限制，以保证工程质量和改造效果。在克服这些困难的过程中，也衍生出许多新技术、新方法，可以为今后同类改造项目提供借鉴和技术支撑。图 9-2 直接体现出项目在施工管理遇到的问题，并在后文进行了详细阐述。

1. 场地狭小

项目施工过程中场地狭小，现状条件无法支设大型汽车起重机，所以在施工过程中，提出了在屋面安装屋面塔式起重机的新思路，设计了井字形钢梁的塔式起重机基础新形式，采用后置锚栓加双头螺栓实现塔式起重机基础与屋面结构连接紧固的传力方法。项目位于中关村核心地区，建筑四周紧邻城市主路，场内面积极为狭小，仅在场内北侧及东侧有 6m 宽环路，满足小

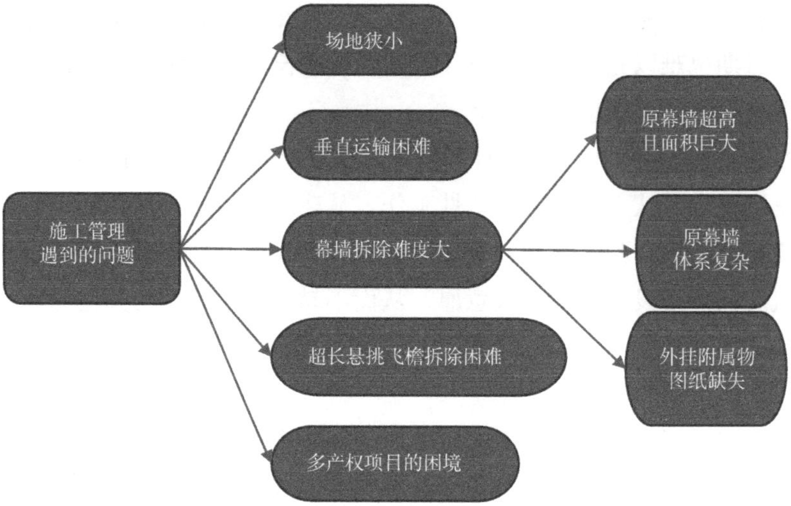

图 9-2　施工管理遇到的问题

型汽车起重机、小型曲臂升降车等小型垂直运输机械，因起升高度受限无法满足全范围拆除需求。针对上述因场地及拆除机械受限的困难，项目从拆除所需场地面积小、可全范围进行拆除以及可保证拆除安全等三个方面攻关，决定在幕墙外侧搭设外脚手架进行拆除，在外脚手架搭设安全的前提下，高效地解决了场地狭小问题。本项目地处北京中关村，周边地理环境复杂，改造工况复杂，拆除加固作业风险高，组织协调难度大，工期紧张。作为复杂改造类项目，合理运用 BIM 技术大幅提高了项目工作效率，缩减了成本，保障了施工顺利进行。

2. 垂直运输困难

鼎好大厦 A 座建筑高度 90m，垂直运输难度较大。为解决高层建筑改造工程垂直运输问题，采用了塔式起重机，并且克服了在高位安装的问题。由于建筑高度为 90m，常规起重机械又因场地狭小无法使用，原室内电梯空间有限，只能装运扣件及小横杆等，且装运重量有限，所以对于本工程而言，外架搭设过程中钢管扣件的垂直运输效率将直接影响了外架搭设工期，也直接决定了幕墙拆除最早开始时间，制约了大量后期关键工序，垂直运输问题的解决刻不容缓。经过项目创新与攻关，提出了一种在屋面上安装塔式起重机的方案，经过对塔式起重机基础和塔式起重机选型的优化设计，有效解决了在屋面既有结构上安装屋面塔式起重机这一难题，确保了在不影响屋面施工的前提下大大提高了外架搭设的垂直运输问题，同时，屋面塔式起重机的引入为本工程中庭结构拆除、后期单元体挂装等关键工序提供了强有力的垂直运输保障。

结构改造难度大。作为复杂改造类项目，合理运用了 BIM 技术大幅提高了项目工作效率，缩减了成本，保障了施工顺利进行。在 BIM 应用过程中面临以下问题：依据竣工图搭建的 BIM 模型与现场不一致，模型无法代表建筑现状；建模过程发现的图纸问题不能反映现场实际情况，不具备参考价值；根据竣工图与改造施工图无法获得项目所需改造升级后的 BIM 模型；模型不能指导现场施工及用于机电专业的深化设计，后续工作难以开展。针对以上改造项目特点，项目利用三维激光扫描仪对建筑进行了扫描，快速获取了建筑现状信息，对扫描所得点云数据进行了处理，将得到的点云模型与竣工图 BIM 模型进行了比对，快速发现了竣工图与建筑现状不同之处，在完善 BIM 模型的同时对现场进行了技术排查，核对竣工图和现场的差异，将发现的问题及时反馈给了设计院，辅助业主和设计单位解决了图纸问题，为施工扫清了障碍，最终得到了与建筑现状一致的 BIM 模型，为后续 BIM 应用铺平了道路。

3. 幕墙拆除难度大

对于高层建筑改造工程而言，幕墙工程的改造既是施工难点同时也是技术难点。对于中关村地标建筑鼎好大厦 A 座而言，其幕墙改造工程施工难度巨大、拆除技术复杂，主要体现在以下几点：

（1）原幕墙超高、面积巨大。项目原幕墙高度达 90m，幕墙总面积 2.5 万 m^2，超高的幕墙及巨大的面积给项目带来了不仅是拆除难度的增加以及拆除工期的加长，更极大地增加了项目在幕墙拆除过程中安全管控的难度。其安全管控点位之多、安全风险点之多将十分考验项目的安全管理能力。

（2）原幕墙体系复杂，外挂附属物繁多。原幕墙体系包括玻璃幕墙、石材幕墙、铝板幕墙，同时各立面外挂附属构筑物种类繁多，且结构形式复杂。超大超重的单块玻璃需要多人配合才能完成工作，极大地增加了拆除的难度系数。为确保原复杂幕墙体系及各外挂附属物能够安全可靠的拆除，针对幕墙体系及外挂附属物制定专项拆除技术措施，在确定不同部位拆除方案的同时也要合理地选择拆除工具和起升机械，在保证合理高效的前提下确保安全。

（3）外挂附属物图纸缺失，增加施工难度。由于鼎好大厦A座投入使用年限较长，原外挂附属物深化图纸缺失，特别是超大面积广告牌等设施，在制定拆除方案时耗费了大量时间做好对内部构造的充分排查，确定拆除原则以及选用合理的拆除设备与机械。

4. 超长悬挑飞檐拆除困难

本工程超长悬挑飞檐的拆除是拆除施工过程中一大重、难点，其飞檐高度高、悬挑长度超长、飞檐内部结构复杂且原有构造详图年久缺失。针对此类工况异常复杂且图纸缺失的情况，项目总结出了三步走的飞檐拆除方法。第一步即是通过现场勘查，摸清并还原飞檐内部构造，以及各构件尺寸。通过构件尺寸查表得出各构件重量，进而估算出飞檐整体重量。第二步，针对项目整体施工部署，结合施工安全性、施工效率及施工成本选择最佳的垂直运输机械。本工程通过引入屋面塔式起重机高效地解决了包括飞檐拆除垂直运输在内的多项垂直运输难题，施工安全性得到了保证，施工效率显著提升。第三步，确定拆除顺序、拆除方法和安全保障措施，即遵循“先防护，再拆除。分段切割，分段吊运”的飞檐拆除原则。

5. 多产权项目的困境

北京市老旧建筑基本均存在多产权的产权户，改造升级过程中，一定会面临与多个产权人协商的过程，虽然《中华人民共和国民法典》有了一定的依据，但在实施过程中依旧难以执行。具体问题如下：（1）产权人很难达成一致意见，需要与产权人做大量的解释工作。（2）目前《中华人民共和国民法典》要求的是产权人的比例，而非产权个数的比例，实施过程中增加很大难度。（3）收购或者回租过程中，一般产权人均有一夜暴富的思想，因此要求均远高于市场价格水平。（4）收购过程中，价格差异带来的税收较多，一定程度打击收购主体采用收购解决问题的积极性。针对此类问题，采用回购回租政策，坚持采用第三方市场评估价格回购，采用市场价格回租。对于小产权的情况，建议政府出台相应政策，通过第三方单位锁定收购价格，强行回购或者由政府回收，以彻底解决小产权问题带来的大量楼宇闲置的情况。对于积极解决小产权问题的实施主体，提供一定的税收返回或者市场疏解激励的政策，以刺激实施主体的积极性。

9.5　鼎好城市更新过程中成本管理遇到的问题及解决方案

图9-3直接体现出项目在成本管理遇到的问题，并在后文进行了详细阐述。

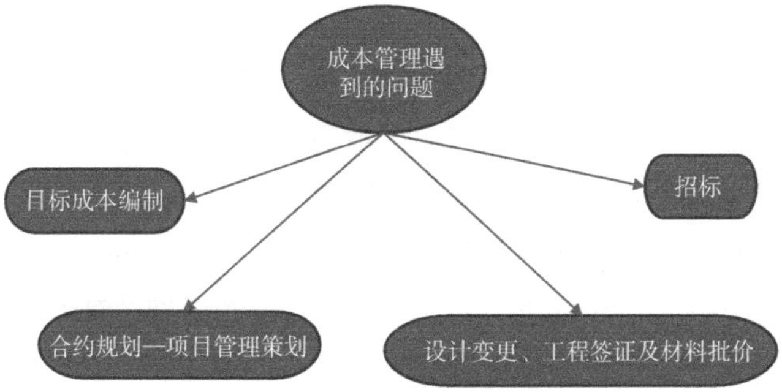

图9-3　成本管理遇到的问题

1. 目标成本编制

2020年4、5月，依据设计部提供的扩初图纸，公司确定的利旧范围、交付标准等文件，完成了目标成本的编制。目标成本的编制，采取能够计算工程量的按图计算，无法计算工程量的，则依据经验指标估算的模式。在目标成本编制过程中，充分了解现场情况，并考虑了改造项目的不确定性，对于初设图纸之外的可能发生的成本进行了预估。在目标成本编制方面有如下问题：部分利旧项目设定的合理性需要论证，如A座楼梯间地砖原来按全部利旧，局部更换考虑，但在施工过程中破坏严重，最终全部拆除并更换，从工期和成本角度看均存在不利因素；另外B3～B5层确定为非改造区域，机电管线利旧，但实际施工中，拆改较多，保留的少，后期拆改成本高于一次性拆除费用。

2. 合约规划—项目管理策划

合约规划为成本部与工程部共同编制的合约规划，通过合约规划确定合同分类，需签订哪些合同，每个合同的承包范围、施工界面划分、成本控制指标、签约方式（两方、三方）等因素，是后续工程管理及成本管控的纲领性文件。合约规划划分合理，有效地控制了成本，保证了工程进度。但是其中不免会出现一些问题，虽然整体施工界面划分细致、认真，但仍存在细小漏项，如租区内的挡烟垂壁等；合同签订后，增加相关内容，缺少竞争，成本较高，且不利于项目进度。另外，在实施过程中，部分承包进行了范围的调整，也不利于成本控制。

3. 招标

招标有多方面好处，编制整体项目的招标计划，按计划确定中标单位、保证项目进度需求，对成本进行了有效控制。招标采用多渠道推荐模式，避免了围标，保证了充分、有效的竞争，取得了合理的中标价格。但通过招标解决图纸问题也有不足之处，像是会出现多个版本的图纸，各个部门重新绘制了图纸，出现反复修改图纸的情况。如精装、消防、机电、幕墙等主要工程在确定中标单位后，均重新出图，给成本管控和后期结算增加了难度。

4. 设计变更、工程签证及材料批价

变更、签证数量大，存在较多后补工程的洽商或签证，施工单位大部分未按时上报，导致结算难度加大。材料批价普遍存在施工单位上报不及时的现象。针对此现象，成本部对于按合同约定需要批价的材料，要求施工单位编制计划，并督促上报。对于变更引起的材料批价，及时与设计部进行沟通、配合，提前询价，保证了批价时间能够满足项目进度需要，但仍有个别批价，施工单位在施工完毕后才上报或尚未上报，给结算增加了难度。

针对上述问题，在项目竣工之后，提出了部分解决措施。（1）明确招标采购的职责依旧在工程部，包括招标文件编制、发放、招标全流程，直到定标结束。（2）明确工程类的合同管理职责在工程部，包括合同起草、合同审批，直至用印后，方可移交财务及成本等部门。（3）强化工程部管理总包及分包的界限，避免对总包及各家分包管理颗粒度太细导致管理职责不清等问题。（4）明确限额采购与设计标准之间的关系，避免一味追求低价。明确招标、批价、结算等管理流程的监督职责。

附　录

（1）请填写您所在的写字楼名称 ______。

（2）您所在的企业类型是？

（3）贵公司目前办公面积：______m^2，目前员工人数：______ 人。

（4）您认为企业目前的发展痛点有哪些？（多选题）

A. 与潜在客户的接触点不够多　　B. 人才招聘难

C. 与同行的交流不够充分　　D. 与中关村的其他科技企业交流不够充分

E. 与国内其他城市的科技企业交流不够充分　　F. 资金筹集难

G. 与政府的交流不够充分　　H. 知识产权保护困难

I. 与国际科技企业的交流不够充分　　J. 与金融创投机构的接触点不多

K. 其他

（5）您认为以下哪些信息资源更有利于公司的业务发展？（多选题）

A. 垂直产业发展信息——上下游配合企业　　B. 政府服务资源

C. 行业技术发展信息——合作伙伴或竞争对手　　D. 国内与国际技术发展趋势

E. 法务 / 会计服务资源　　F. 投融资金窗口

G. 其他

（6）您认为以下哪些交流平台有利于企业的信息获取？（多选题）

A. 企业间交流活动　　B. 企业产品展示

C. 技术团队交流　　D. 行业会议

E. 行业技术展览　　F. 行业培训

G. 其他

（7）您最希望和什么类型的公司成为邻居？（多选题）

A. 科技服务类　　B. 金融类

C. 投资类　　D. 法律类

E. 孵化器　　F. 证券类

G. 其他

（8）您对上班地点的哪些方面更加关注？（多选题）

A. 交通条件 B. 地理位置

C. 写字楼品质及智能化 D. 物业管理及配套服务

E. 屋顶空中花园 F. 艺术文化

G. 活动沙龙 H. 幼儿园或儿童空间

（9）您喜欢在什么风格的环境里办公？（多选题）

A. 科技感 B. 交互空间丰富

C. 商业氛围 D. 艺术气息

（10）您认为一个高科技感的写字楼体现在哪些方面？（多选题）

A. 办公空间 B. 智慧智能楼宇

C. 体验科技 D. 停车场

E. 建筑外观 F. 其他

（11）您希望写字楼的哪些方面实现智能化应用？（多选题）

A. 闸机和电梯 B. 卫生间

C. 会议 D. 停车场

E. 空调 F. 快递

G. 其他

（12）您觉得对于办公空间而言多大面积可以称之为大平层空间？（多选题）

A. 2000 ~ 2999m^2 B. 3000 ~ 3999m^2

C. 4000 ~ 4999m^2 D. 5000m^2 及以上

（13）公司对于机房数据存储有哪些要求？（多选题）

A. 机房外墙新风机排风口 B. 消防系统

C. 无特别要求 D. 综合布线

E. 顶面防水 F. 备用发电机

G. 防雷接地 H. 楼板承重

I. 其他

（14）如果租赁 2000 ~ 5000m^2 办公空间，您更倾向于以下哪种办公空间类型？（单选题）

A. 大平层办公空间 B. 竖直多层办公空间

（15）对于层高 5m 的写字楼空间是否有需求？如有，会装修成为双层空间的办公空间吗？（单选题）

A. 有需求，会装修成双层空间　　B. 有需求，但不会装修成双层空间

C. 否

（16）关于写字楼的以下各项配套中，您更关注哪些？（多选题）

A. 餐饮　　B. 运动健身

C. 科技产品体验展厅　　D. 新产品发布厅

E. 创新俱乐部　　F. 共享会议室

G. 电子竞技中心　　H. 电影院

I. 联合办公　　J. 胶囊旅馆

K. 其他

（17）您喜欢以下哪种餐饮配套类型？（多选题）

A. 员工餐厅　　B. 小吃城

C. 健康餐　　D. 其他

（18）您对于写字楼的运动设施有以下哪些需求？（多选题）

A. 游泳池　　B. 大型健身房

C. 楼宇内健身步道　　D. 工作室、瑜伽室等

E. 攀岩　　F. 其他

（19）您认为北京中关村核心区最吸引您的地方是什么？（多选题）

A. 人才和科技氛围　　B. 地理位置

C. 高校及实验室资源　　D. 交通

E. 其他

（20）您认为在北京中关村核心区应该有一个顶级的新产品或新科技的发布及展示中心吗？（单选题）

A. 是　　B. 否

（21）如果写字楼配备高科技新产品发布及展览展示多功能厅，并同时进行线下线上直播，您希望发布厅可以容纳多少人？（单选题）

A.100 人　　B.300 人

C.500 人　　D.1000 人及以上